多元宇宙《マルチバース》論集中講義

野村泰紀
Yasunori Nomura

まえがき

多元宇宙を意味する「マルチバース」は、「ユニ（単一の）バース」に対する言葉として生まれたサイエンス用語の一種です。

とはいえもちろん、「宇宙がたくさんある」という考え自体は、別に新しいものではなく、またサイエンスの世界だけにあったものでもありません。どんな形でもいいのなら、「そんなことはオレも昔から考えていたぞ」という人はたくさんいるでしょう。

映画や漫画などでは、かなり前からおなじみの題材で、実際1946年にアメリカで公開された『素晴らしき哉、人生！』でも、パラレルワールド（並行宇宙）的なマルチバースの世界観が描かれています。

また、ひと言でマルチバースと言っても、そのイメージはさまざまで、ある人にとってのマルチバースと、別のある人にとってのマルチバースが、まるで違うものという場合もあります。

ただし、近年マルチバースに大きな注目が集まるようになっているのは、いろんな人が好き勝手に、「宇宙っていっぱいあるのかもねー」と、いわば空想的に言っていたその声がどんどん大きくなってきた、といった単純な話ではありません。

少なくともサイエンスの文脈で語られるマルチバースは、ほとんどの場合、ある特定のシナリオがベースになっています。

そのシナリオとは、1987年にアメリカの物理学者、スティーヴン・ワインバーグが提唱したマルチバースに関する理論です。彼は、当時誰も解くことができなかった〝宇宙があまりにも我々にとってよくできすぎている〟という謎が、「我々の知っている宇宙以外にもいろいろな種類の宇宙が存在する」と仮定することで解き明かせると主張したのです。

そんな彼のマルチバース論は、当時のサイエンスの常識からするとかなり非常識で、ほとんど相手にされることはありませんでした。

ところが1998年に驚くべき〝ある観測的事実〟が得られたことで、その「常識」のほうが覆《くつがえ》ります。

そしてそんなアクシデントのような出来事がきっかけで、彼の理論がときを経て掘り起こされることになったのです。

新たな「常識」のもとで真剣に検証してみると、彼の理論のもっとも「非常識」だと思われていた部分が、以前からよく知られていた理論の枠内において、決して非常識ではないこともわかってきました。また、それとは別の理論も、「我々の宇宙が宇宙のすべてだ」という「思い込み」を外すだけで、ワインバーグのマルチバース論をうまく説明できることがわかってきたのです。

そうやってさまざまなパズルのピースがハマっていくと、「マルチバース」はもはや必然だと考える科学者は増えていきます。もちろんこれを書いているこの僕も、そのうちの一人です。

1929年にアメリカの天文学者、エドウィン・ハッブルは、「ほぼすべての銀河は地球から遠ざかっており、そのスピードは遠くにある銀河ほど速い」ことの観測に成功しました。

これは、「宇宙が膨張している」ことを意味します。

つまり、「宇宙はそのまま常にそこにある」という当時の常識を、根底から覆すような驚くべき発見だったのです。

しかし、その発見にもっとも驚いたであろう人物がいます。

かの有名なアルベルト・アインシュタインです。

なぜなら、その発見は、1916年に自身が完成させた「一般相対性理論」がすでに出していた「解」だったからです。

だからといって、彼は「よっしゃー！」と叫んだわけではありません。

なぜなら、あまりにも非常識に見えたその「解」をアインシュタイン自身も受け入れることができず、「物理学の歴史上もっとも美しい理論の一つ」とされる自分の理論に、わざわざ余計な修正を加えてしまっていたからです。

ハッブルの発見を知ったアインシュタインは、「理論の修正を試みたことは、人生最大のミステイクだった」と語ったと伝えられています。そのエピソード自体はもしかすると作り話かもしれませんが、ものすごく後悔したのは間違いないでしょう。

でもこれこそが、サイエンスなのです。

誰もが信じて疑わなかった常識に、理論や実験が疑問を呈し、のちに観測などによる新たな発見によって、新しい理論の正しさが証明される、これの繰り返しです。

逆に言えばそうやって、常識の壁を破ることができたからこそ、サイエンスは飛躍的な進歩を遂げてきたのです。

マルチバース宇宙論も、まさにそれと同じ経緯を辿っています。

まだ精密科学として確立されたとまでは言えませんが、徐々にその域に近づいていると、少なくとも僕自身は感じています。

この本では、紆余曲折を経て確立されつつあるマルチバース宇宙論のユニークな歴史も交えながら、ＳＦの世界のそれとは違う、具体的な科学的動機のある描像としてのマルチバースを読者の皆さんにお伝えしていきたいと思っています。

なお、宇宙という一見難しそうな話を、いわゆる文系の皆さんにも楽しく、そして気軽に読んでいただく、というのもこの本のテーマの一つなので、理解を阻《はば》むようなややこしい話はできるだけ端折り、なるべくわかりやすく解説することを心がけました。端折った部分も含めて、もっと詳しい話も知りたいという方は、拙著『なぜ宇宙は存在するのか　はじめての現代宇宙論』（講談社ブルーバックス）、『マルチバース宇宙論入門　私たちはなぜ〈この宇宙〉にいるのか』（星海社新書）もぜひご参照ください。

では、さっそくマルチバース宇宙論の世界に出発しましょう！

第2講

第5講

第6講

構成……………………熊本りか
デザイン……………ユナイテッドグラフィックス
ＤＴＰ制作…………Office SASAI
図版制作……………ミューズグラフィック
イラスト（図2）……久野里花子
編集……………………福田裕介（扶桑社）

第1講

そもそもマルチバースとは何か

宇宙の構造は「ほぼ一様」でそれがすべて、のはずだった

「マルチバース」とは、単純に言えば、「我々が宇宙だと思っていたものが、宇宙のすべてではなかった」という話です。

ただ、その話をするには、そもそも我々が何を「宇宙だと思っていた」のかをはっきりさせなくてはいけません。このように言葉の意味をはっきりと定義するというのは、科学の話をするときにはとても大切なことです。

例えば宇宙をどんどん進んで行って、最後に「果て」みたいなものがあったとしましょう。そしてその先にはなにか緑色のゼリーみたいなものが広がっていたとします。これをもって、宇宙の果ての外側は「緑色のゼリーだった」と言うことはできるかもしれません。しかし、もしもその緑色のゼリーも含めて「宇宙」と呼ぶことにすれば、

言葉の定義からして宇宙の「果て」も「外」もなくなってしまいます。

また、宇宙が複数、例えば2つ、3つあります、という話にしたって、その2つあるもの、3つあるものをすべてひっくるめて「宇宙」と呼ぶのだとしたら、これまた言葉の定義からして宇宙は一つしかないということになります。だとすれば、宇宙がたくさんあるという意味のマルチバースという言葉自体、意味を成さなくなってしまうでしょう。

だから、何をもって「宇宙」とするのかを、まずは決めておく必要があるのです。

我々の住む地球という星が、太陽系にある数ある惑星のうちの一つにすぎないことは、コペルニクスやガリレイの時代から知られています。そして、その中心にある太陽も銀河系にある無数の恒星のうちの一つにすぎず、それどころか、その銀河系も数多く存在する銀河系の中の一つでしかなく、それがたくさん集まった銀河団さえも一つではないことも、20世紀の初頭にはわかっていました。

さらにここ100年の劇的な物理科学の進歩は、宇宙が膨張していることや、どこ

図1　宇宙の構造は観測的にほぼ一様

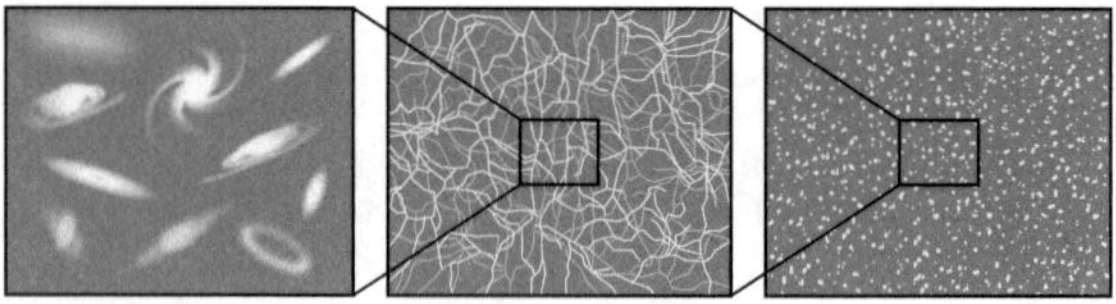

まで行っても変わることなく同じ構造が繰り返され、観測的にはほぼ一様であることを明らかにしています。

　この「構造が観測的に一様」というのは、宇宙を大雑把に見たときの話です。もちろん、星がたくさん集まっている銀河の中の物質の密度は総じて周りより高いですし、銀河と銀河の間にはほとんど何もないので、そっちの密度はぐっと低くなります。しかし宇宙はバカでかいですから、グーッと引いた遠目で見ればそういった細かな密度の違いは均《なら》されてしまいます。

　この意味で、宇宙の全体の形とか、全

般的な性質とか、その歴史などについて論じる場合には、「平均化すればどこでもほぼ同じ」、つまり一様であると言っても差し支えがないのです（図1）。

また、このように観測的に確認された宇宙はどこでも同じ法則に従って動いているように見えます。例えば、私たちの周りの物質はみな原子核や、その周りに存在する電子などからできていますが、これはアンドロメダ銀河（地球から約250万光年の距離に位置する肉眼で見えるもっとも遠い天体）や、それよりもっと遠い領域でも同じです。また、これらの原子核や電子の性質、たとえば質量なども、この一様な宇宙のどこでも同じなのです。

いずれにしてもこれが、ここ100年くらいのサイエンスが作り上げてきた宇宙の描像です。言い換えるならこれが「我々が宇宙と呼んでいる領域」です。

ところが、宇宙についていろいろなことがわかってくるにつれ、ここまで見てきた構造がすべてだとしてしまうと、どうもしっくりこないというか、うまく説明できないことが出てきました。

そうした経緯があって「我々が宇宙と呼んでいる領域」、もっと言えば、「我々が全宇宙だと思っていた領域」以外にも世界はあるのではないか、つまり別の宇宙ともいうべき領域があるのではないかというマルチバース宇宙論が、サイエンスの世界で真剣に議論され始めることになったのです。

「歴史だけ違う宇宙しかない」か、「物理法則までも違う宇宙がある」か

ここからは「我々が全宇宙だと思っていた領域」のことを「我々の宇宙」と呼び、それ以外の宇宙のことを単に宇宙と呼ぶことにして、話を進めていきましょう。なお「我々の宇宙」をその内部に含むようなより大きな領域のことも、宇宙と呼ぶことにします。

さて、ひと口にマルチバースといっても、それにはいろいろなバリエーションが考

えられます。そしてそれを語る際には、大きく分けて2つの重要な観点があります。

まず一つめは、マルチバースを構成する別の宇宙が「どんな宇宙なのか」ということです。

物質を構成する最小単位のことを素粒子と言いますが、我々の身の回りにあるものは、そのほとんどがこれまで見つかっている17種類の素粒子でできています。原子や分子、そして生命などもすべて、この素粒子の構造の結果です。我々自身も、我々が手にしているものや住んでいる地球も、月も木星も太陽も、あるいは別の銀河系を形作っているものも、とにかく宇宙に存在するものすべてをどんどん細かくしていくと、そのほとんどは17種類の素粒子に行き着くというわけです。この広大な宇宙の大本がたった17種類だなんて驚きますよね。

また、素粒子の質量や互いに及ぼし合う作用の強度などは宇宙のどこに行っても同じなので、我々が観測できる宇宙のすべての現象は、「標準模型」と呼ばれる素粒子の理論でほぼ正確に記述できます。先ほども言ったように、この「標準模型」で正確に記述することができる、同じ物理法則で動いている領域が「我々の宇宙」なのです。

初めて宇宙論に触れる人にとっては、にわかには信じられないかもしれませんが、それが理論物理学のすごさなんですよ。

実は、17種類の素粒子のほかに、その正体がまだ完全には解明されていない「ダークマター」という粒子が存在していることや、宇宙初期に起こった現象には標準模型だけでは説明できないものがあることも知られているので、宇宙を正確に記述する「標準模型」は、厳密に言えばこのダークマターなどの存在も含むように拡張されたものを指します。ダークマターというい かにもSFっぽい名前の粒子のことはまた後で話すので、頭の片隅に覚えておいてください。

さて、別の宇宙の話に戻りますが、まず考えられるのが、別の宇宙も「我々の宇宙」と同じ標準模型で記述できる、つまり、同じ物理法則が働く可能性です。この場合でも、別の宇宙という概念自体は導入できます。それは、そういった宇宙では「歴史が違う」可能性があるからです。

例えば、あのときあの人に会っていなければ、こんなことが起きなければ、あれをしていたら、あるいはしていなければ、など、偶然もしくは意図的に選んだ道が別のものだったなら自分の人生はまったく違うものになっていたのではないか、といったことは誰もが考えたことがあるでしょう。もっと大きなスケールで言えば、例えば第一次世界大戦、第二次世界大戦の結果が違っていたら、今の世界とはまったく別の世界が広がっていたはずです。

こういった宇宙は、たとえ我々の宇宙と同じ物理法則に従っていたとしても、別の宇宙と呼ぶことができそうです。つまり、物理法則は同じでもたまたま違うことが起きて、まったく別の宇宙ができあがることは十分にあり得るわけです。

さらには、私たちが基本的な物理法則と思っているものが違う宇宙を考えることもできます。例えば、電子の質量が違う宇宙、電子だけでなくすべての素粒子の質量が違う宇宙、なんなら質量だけでなく、電荷などの性質も違う宇宙も考えることができます。

それどころか、そのような宇宙では存在する力の種類も違うかもしれません。我々の宇宙には電気や磁気に関係する電磁気力、原子核等に関係する「強い力」、「弱い力」と呼ばれる力が存在することが知られていますが、別の宇宙ではこれらの力は存在しないか、または存在したとしてもその詳細な性質は異なるかもしれません。また別の宇宙には、我々の宇宙に存在しない力が存在している可能性もあります。

これ以外にも、私たちが我々の宇宙で当たり前と思っていること、例えば空間の次元が3であることなども、別の宇宙では違っているかもしれません。

もしそのようなことが起こっているとすれば、そのような宇宙は我々の宇宙とはまったく異なっているでしょう。このように別の宇宙では物理法則すら違って良いと考えるならば、そのような宇宙では当然歴史も違っていて良いと考えるのが自然です。

ですから、マルチバースのバリエーションという意味では「歴史が違う宇宙」か「物理法則が違う宇宙」か、ということではなく、「歴史だけ違う宇宙しかない」か、あるいは「物理法則までも違う宇宙がある」か、どちらかだ、というように考えるべきでしょう。

そして後者の場合、物理法則がどこまで変わることができるのかということが重要になってきます。素粒子や力の性質が変わることができるだけなのか、空間の次元などはどうなのか、もしくは後にも触れる相対性理論や量子力学といったより根本的に見える原理までもが変わることができるのか、といったことが、どのようなマルチバースを考えているのかに効いてくるというわけです。

時空の違う場所にある宇宙や別次元にある宇宙もあり得る

「マルチバース」のバリエーションを語る際のもう一つの観点は、「別の宇宙」がどういう意味で「ある」のか、言い換えるなら、「どんなふうに存在するのか」ということです。

先ほど僕は、宇宙というのは無茶苦茶にデカくて、どこまで行ってもほぼ一様で…

…といった話をしましたが、もしそうだとしたら、ずっとずっとずーっとはるか遠くには私たちの地球や太陽系、銀河系にそっくりな場所があって、でもそこでの世界は私たちのとはちょっと違う歴史をたどっているかもしれません。

またもしかしたら宇宙はずーっと一様ではなくて、どこかにパチンと切り替わる場所があって、そこから先は全然違う世界、たとえば素粒子の種類や質量などが違う世界になっているかもしれません。

これらは違う宇宙が「空間的に」別のところにあるという場合で、「別の宇宙」と言ったときに多くの皆さんがイメージしやすいのは、こういう状況かもしれません。

でも、「別の宇宙」のありようは、決してこれだけではありません。

例えば、「我々の宇宙」は、今から約138億年前あたりに始まったと考えられていますが、とにかく生まれた瞬間というものがあり、実はその前には別の宇宙が存在していた可能性があります。また「我々の宇宙」もいつか死に、そのあとにまた別の宇宙が始まる、という可能性もあります。これらはいくつもの宇宙が「時間的に」別のところにある、という状況ですが、これも「別の宇宙」の一つのありようです。

しかしもっと言うと、実は「空間的に」別の宇宙と、「時間的に」別の宇宙は、宇宙論の世界では密接に関係していて、本質的には同じものだと言うこともできるのです。

そこにはアルベルト・アインシュタインが1916年に発表した「一般相対性理論」が関わっています。一般相対性理論というのは、ニュートンの重力理論を、アインシュタイン自身が1905年に発表した「特殊相対性理論」と矛盾しないように拡張したものです。

宇宙論というものは、この一般相対性理論なくして語ることはできないのですが、そこでは時間と空間が一体となった「時空」という概念が打ち出されているのです。だからその意味で言えば、「空間的に」違う宇宙と、「時間的に」違う宇宙は、どちらも「時空の違う場所」に存在する宇宙ということになるわけですね。

そしてさらには「別次元」にある宇宙というのもあり得ます。

我々は、3つの空間次元と1つの時間次元をもつ、4次元の世界（時空）に住んでいると思っています。これは要するに、空間座標（xyz）と時間（t）を指定すれば、何かが起こる（あるいは、起こった）「時点」が正確に決まるという意味です。

つまり、どこかで誰かに会おうとすれば、正確な場所だけでなく、時間も決めなければ会えませんよね。いくら場所をばっちり決めたって、ある人は翌日行くかもしれませんし、ある人は一週間後に行くかもしれません。これじゃあ会えませんから、ｘｙｚにｔを足した４つを指定しなければならないわけです。

これが我々のごく自然な感覚で、逆にこれ以上に次元があるとはなかなか想像できません。

でも、「想像できないこと」と、「存在しないこと」は、まったく別の話です。簡単に想像はできないけれども実在する、という事象は世の中に山ほどありますよね。

例えば、薄い紙の上に住んでいて、その紙の中でしか動けないフラットランドマンみたいなものが仮に存在していたとしたら、彼らは自分たちが住む世界はｘｙ＋ｔの２＋１次元なのだと誤解するに違いありません。

しかし、その紙を外から見ている我々からすれば、紙と直交するｚの方向にも次元があるのは明らかです。だから、「薄い膜の上に住んでいるから気づかないだけで、世界って本当は3＋1次元なんだよ」なんて言ってあげたくなりますよね。

でも、彼らは、z方向に対応する次元に、気づくことはできません。想像したことすらないかもしれません。なぜなら薄い紙の上に住んでいて、自身もぺったんこ体型のフラットランドマンにとってそれは知覚することが困難だからです。

つまり、我々もxyz＋tの3＋1次元に拘束されているせいで気づかないし想像もしないけれど、本当はそこに直交する別の次元が存在しているという可能性はゼロではないのです。そして、その別次元方向の少し離れた場所に、別の3＋1次元の世界が存在している可能性だってあるのです。

我々が知覚しているよりももっと高次元の時空の中に、「我々の宇宙」のような膜がたくさん埋め込まれているという仮説は、膜宇宙とかブレーンワールドなどと呼ばれます。膜の上にあるものはそこに拘束されてしまっているから、他の膜の世界と行き来できないだけで、もしかするとたくさんの膜宇宙が「我々の宇宙」のすぐ近くに存在しているのかもしれません。

もちろん、このような膜宇宙が、同じ時空の3＋1次元方向の遠く離れた場所に存在している可能性もあります。3＋1次元時空のある場所では膜が一枚しかないけれども、別の場所では2枚3枚の膜が高次元の方向に重なっている、という状況だって考えられますから、ここで例としてあげた2種類のマルチバースの可能性は、必ずしもお互いに矛盾するものではなく両立し得るものだと言えます。

「確率的に同時に存在する」という量子力学的考え方

物理法則というとニュートンの法則がパッと思い浮かぶ人が多いかもしれませんが、「我々の宇宙」は、実はニュートンの法則ではなく、量子力学というものに従って動いています。もちろんこれはニュートン力学が「完全に間違っていた」という意味ではなく、私たちの通常の暮らしに関係するスケールでは、量子力学固有の性質は感知するのが難しくなりニュートン力学で十分であった、つまりニュートン力学は私たちのスケールで通用する近似的な法則であったということです。

量子力学が重要になってくるのは、主に極微の世界（例えば素粒子の世界）を記述するときで、このような場合に量子力学は我々の常識では考えられないような数々の現象を予言します。これらはかなり突拍子もないものなのですが、現在ではありとあらゆる実験によってすでにはっきりしている科学的な事実で、私たちが日常的に使っているスマートフォンなどのテクノロジーも量子力学の法則で動いているのです。

量子力学によれば、すべてのものは本質的には「量子」とよばれる「粒子の性質」と「波の性質」を併せ持った奇妙な存在です。量子力学を特徴づける性質のなかで重要なものの一つに、量子は「同時にさまざまな場所に確率的に存在する」ということが挙げられます。そしてこの状況は、よく「状態の重ね合わせ」と表現されたりします。


量子の代表的なものが電子です。

高校で習うようなニュートン力学だと、電子がここにあるとか、あっちにあるという言い方をしますが、実際にはそういうことは言えないのです。電子が「波」という広がりのある性質も併せ持っている量子である以上、ある時間に電子がこの領域中のどこどこに存在していると記述するのは、原理的に不可能なのです。

もちろん、私たちのような多くの粒子（量子）が集まってできた物体では、このような量子力学的効果は均されてしまって、近似的にニュートン力学的な記述が可能になるのですが、電子のような小さな物体ではそうはいかないのです。

具体的には、量子力学の方程式で指定されるのは、「ここらへんにいが・ち・」という存在確率であって、それは波動関数（ウェイブファンクション）と呼ばれるもので表されます。簡単に言えば、電子というのは「ぼわわわーん」と存在しているのです。

ただし、実験で観測すると、「ぼわわわーん」と広がったものとして見えるわけではなく、その瞬間にはある位置にちゃんと大きさのない粒があるのがわかります。そして、まったく同じ状態を作ってやってまた観測すると、さっきとは別の位置にいて、それを3回、4回、5回と繰り返すと、その度にまた別の位置に、大きさのない粒がいるのがわかるんですね。

ちなみに「大きさのない粒」というのは、あまりに小さすぎてその内部構造を見ることができないという意味なんですが、要するに超超超超小さい粒だと思ってください。

そしてこのような観測を何度も何度も繰り返して、電子の存在した位置を確率分布に起こすと、その確率分布が量子力学の数式が与えた存在確率（波動関数）とバッチリ合うのです。つまり、「電子は確率的に同時にいろんなところにいられる」ということであり、これは理論上も観測上も間違いないのです。

そしてそれは、「電子がここにいる世界とあっちにいる世界が両方ある」というふうに解釈できます。

ものを国語的に考えるのが得意な人だと、この解釈に疑問や強引さを感じるかもしれません。しかし、これは物理学的にちゃんとした根拠があるのです。

簡単に言えば、「電子は確率的に同時にいろんなところにいられる」ことを記述する数式と、「電子がここにいる世界とあっちにいる世界は両方ある」ことを記述する数式はまったく同じ、つまり、この量子力学的事実をどっちのように表現するのかは単に言葉の問題でしかないのです。

事実としてあるのは、量子力学の世界ではこのような「状態の重ね合わせ」が実際に起こるということであり、またそれが数式によって正確に記述されているということなのです。

量子力学では異なる世界が分岐して同時に存在し続ける

量子力学の数式は、電子が右にいる世界と、電子が左にいる世界というのが両方同時に存在することを予言します。

とはいっても、私たちが実際に観測すると、電子は右にあるか、左にあるかのどちらかになります。だから、観測者が見るというのがなんらかの刺激になって、電子が

図2　異なる世界が同時に存在し続ける量子力学的考え方

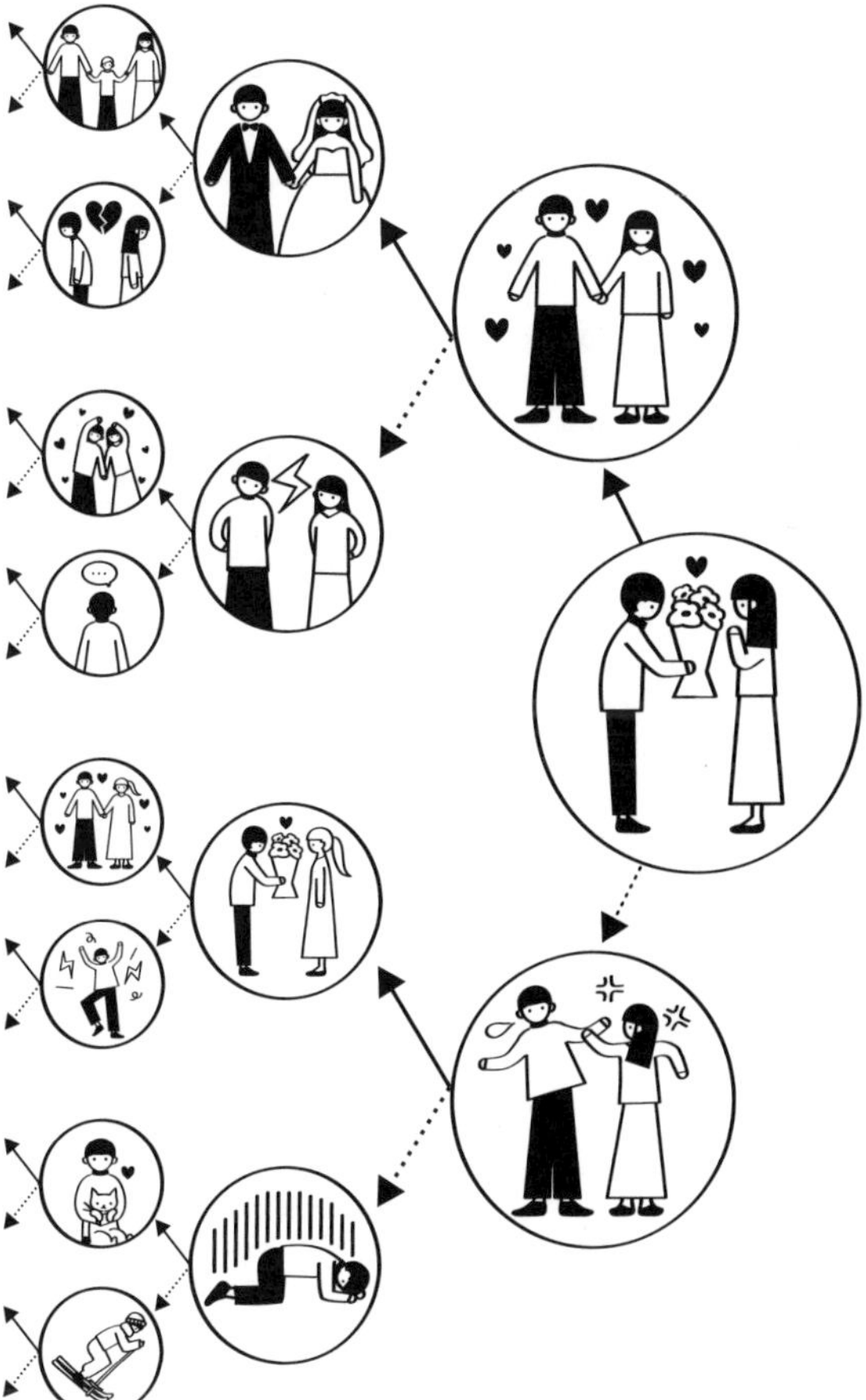

どちらかにあるという状態に固定されるのだろうと以前は考えられていたんです。ちなみにこういうのを「状態の収縮」と呼びます。

ところが、量子力学の数式は、両方の世界が並行してずっと存在し続けることを示唆しています。たとえ観測者が電子を右で観測したらその世界ではそれ以後電子はずっと右にあるとしても、観測者が電子を最初に左に観測する世界というのも確率としてはやっぱりあるわけで、だから両方の世界がそのまま存在し続ける、と式は言っているわけです。つまり異なる観測結果、もっと一般的に言えば異なる出来事、が生じた世界が次々と生まれ、それらは同時に存在し続けることになるのです（図2）。

そんなの意味わかんないし、式のほうが間違っているんじゃないかと思うかもしれませんが、この式はものすごい精度でチェックされています。こんなことは考えられないという人も多いかと思いますが、みなさんがｉＰｈｏｎｅやｉＰａｄといった最新のテクノロジーの恩恵を享受できているのだって、量子力学の方程式が正しいからこそなんですよ。実際、量子力学の式はまず間違いのない、確定的なものなのです。

もちろんこのようなことはニュートン力学では起こらないので、普通の人にとってはまず理解不能だと思います。そもそも量子力学というのは物理学の中でもとりわけ感覚的に理解しづらい分野ですし、超天才のアインシュタインでさえこの原理を最初はなかなか受け入れることができなかったと言われているくらいですから、理解できなくても別に落ち込む必要はありません。そんなのは当たり前なんです。

実際、物理学者でも量子力学を「感覚的に」理解しているかといえば、そんなことはありません。ただし数式は知られていますし、それによって実験をしたら結果がどうなるのかは（確率的に）完全に予言できますし、現在までのありとあらゆる実験の結果はその予言と驚異的な精度で一致しています。物理学者は、これをもって「理解した」と言っているのです。

だから、皆さんもここで意地になって感覚的に理解しようと頑張りすぎると頭が迷宮入りしてしまいかねませんから、あまり深くは考えず、「こういう信じられないことが本当にあるのだな」と、そのまま素直に受け入れちゃってもらったほうが良いかと思います。

いずれにしても、こうやって世界がどんどん異なる世界へと分岐していくというのが、1957年にヒュー・エヴェレットが提唱した「多世界解釈」と言われるものなのですが、世界を宇宙に置き換えて考えれば、これはまさにマルチバースですよね。

その意味で言うと、こういったマルチバースの現実味は、量子力学の方程式が確立された100年以上前から示唆されていた、というわけです。

別の宇宙が干渉し合う可能性はほぼゼロ

さて、「我々の宇宙」ではない別の宇宙が本当に存在するとしても、お互いにまったく見えず、まったく何の関係も持てないのであれば、サイエンスではこれ以上チェックできませんから、それはただのSFです。

でも実は、量子力学的に枝分かれしたものを巧妙に干渉させられることはすでにわかっており、電子や原子などの小さい物体に関しては、これはすでにもうSFなどではなく、テクノロジーの領域に入ってきています。「量子コンピューターの実用化が近い」というフレーズをニュースなどで聞いたことがあると思いますが、その量子コンピューターというのがまさに、量子力学の並行宇宙をテクノロジーとして使用するものなんです。

じゃあ我々も並行宇宙とのあいだを自由に行ったり来たりできるかと言えば、それはほぼあり得ないと断言できます。

その理由は簡単で、自然の中では別の宇宙が「干渉し合う」ってことがそう簡単には起こらないからです。

例えば水素原子が別の場所にあるような、ふたつの世界を干渉させるとしましょう。水素原子は陽子と電子でできているので、このような干渉が起こるためには、陽子と電子が両方干渉しなければなりません。もし素粒子1個の干渉確率が10％だとしたら、このような干渉は10％×10％、つまり1％の確率でしか起こりません。同じように、3つの素粒子でできているものを干渉させようとしたら10％×10％×10％ですから、0・1％です。

このように、ものを構成する素粒子の数が増えれば増えるほど、干渉確率はどんどん下がっていくわけです。

人間の体がいくつの素粒子でできているかというと、1のあとに0が25個とか26個とか並ぶくらいのものすごい数です。だから、人間が別の場所にいたり、別の記憶を持っていたりする（つまり脳を構成する素粒子が別の配置をしている）世界が干渉する確率は、その数だけ10％をかけることになりますから、それはもう限りなくゼロです。つまり「干渉しない」と言っても差し支えのない数字なのです。

要するにたくさんものが集まれば集まるほど、量子力学の効果はどんどん消えていきます。だから我々は量子力学を無視して過ごすことができ、一般的なものを扱う際には、ニュートン力学さえあれば、ものすごい精度で記述できるわけです。

たとえ宇宙に関わることでも、例えばスペースシャトルをどうやって飛ばすかなんていう話は、ニュートン力学や、それをより精密化した一般相対性理論だけで十分です。量子力学の効果は厳密にはゼロではないですが、スペースシャトルなんてめちゃくちゃデカイですから、その影響は限りなくゼロに近いところまで薄まります。だからないものとして扱っても、特段問題は起こらないのです。

量子力学と一般相対性理論を矛盾なくつなぐ「超弦理論」

私たちの日常はニュートン力学だけで十分だとしても、宇宙を動かしているのはあくまでも量子力学です。むしろ、自然界の普遍的な理論は量子力学なのです。

ただし、量子力学がマルチバースに関して予言できるのは、「我々の宇宙」とはヒストリーが違う並行宇宙のようなものが、確率的にはいろいろ存在し得るだろうというところまでです。

じゃあ、別の宇宙がどこにどんなふうにあるのか、とか、別の宇宙がどう成り立っているのか、といったことまでは、解明することはできません。

なぜかというと、根本的には、そこに「重力」という重要なファクターが入っていないからです。

この講の始めのほうで、私たちが観測できる宇宙のすべての現象は、「標準模型」と呼ばれる素粒子の理論でほぼ正確に記述できる、という話をしました。素粒子のようなごく小さいものを扱う場合には、量子力学を使わなければ正しく扱えません。だから標準模型も当然、量子力学の枠組みの中で定式化されています。

一方で、重力の大きさは質量に比例します。そして、素粒子の質量は微々たる、どころか、微々微々微々微々……たるもので、例えば電子の質量は、9・10938 37×10^{-31}kgで、最初の数字が少数点以下31桁目にあるような数字です。だから、このようなものを扱うときには、重力は完璧に無視できるのです。

これこそが、宇宙のミクロなありようを重力の効果が入っていない標準模型で正確に記述することができる理由です。

しかし、自然界には重力は確かに存在します。だから現実的には必要ないとはいえ、標準模型などのミクロな世界を記述する理論にも、重力の効果を入れたほうが良いと皆さんは考えるかもしれません。

それは確かにそうなんですが、量子力学の理論に単純に重力を入れようとすると、理論が破綻してしまって意味を成さなくなってしまうんです。だからぶっちゃけて言えば、理論を破綻させないように、重力のことはとりあえず無視しときましょう、ということで理論物理学は進んできたわけです。

でも、重力は間違いなく存在しますし、ものの質量が大きくなれば、重力のほうがむしろ重要になります。だから大きなものを扱う場合は、重力を精密に扱う一般相対性理論のほうで記述するのですが、逆にそこには量子力学は入っていません。一般相対性理論に量子力学を入れようとすると、それもまたうまくいかないんです。

仕方がないので、現在は宇宙のミクロな領域を取り扱うときは量子力学的理論の標準模型を使い、マクロな領域を取り扱うときは一般相対性理論を使う、みたいに、両方を無理やりつぎはぎにして使ってなんとかしのいでいるわけですが、宇宙が量子力学で動いていることも、重力があることも間違いないわけですよね。

だからなんとかしてそれらを一体化させなければいけないのは確実なんです。

ただ、いろいろ試しても、どうにもうまくいかなかったのです。

でも、そんな中から、なんだか変なふうに両方を組み合わせた結果、ひとつだけ、まるで針の穴を通すかのように、絶妙~にうまくいく可能性があるものが見えてきているんです。

それが「超弦理論」という理論です。

超弦理論の根幹は超簡単に言えば、今まで物質をどんどん細かくしていくと最後は粒子、つまり点に行き着くと思っていたのを、「いやいや行き着くのは紐《ひも》なんだよ」としたことです。

なんだかこれ自体意味不明だとしか思えないでしょうが、それを前提にして考えていくと、量子力学に重力の話が矛盾なく入ってくるんです。それどころかむしろ、超弦理論では重力は必ず存在しなければならないものとして入ってきているのです。

実は1980年代からさかんに研究されるようになったこの理論は、現在でも絶対に正しいという保証は得られていません。ただし、少なくとも現実的にチェックできる課題はすべてクリアできていて、さらに今のところ、量子力学と重力を両立させられる理論は、この超弦理論以外には事実上存在しません。

なんでいきなり、この超弦理論の話を持ち出したのかと言うと、この理論の方程式を調べると「我々の宇宙」とは違う別の宇宙の「解」が山ほど出てくるからです。そしてそれら別の宇宙では、素粒子の種類や質量、真空のエネルギー密度といったものが我々の宇宙とは違っているということが導かれます。

さらに次元が違うのもアリ、というか、実はこの理論自体、我々の知覚しない次元が存在することが前提なので、膜宇宙という構造の存在も超弦理論では当たり前です。

さらに言えば、宇宙が一つしかないという可能性は、この理論が正しい限りまずあり得ません。

つまり、超弦理論をもってすれば、ここまでお話ししてきたような、歴史が違うのはもちろんのこと、素粒子の種類や質量、真空のエネルギー密度、さらには空間の次元すら違う宇宙が、とにかくいろいろぐちゃぐちゃっと存在するマルチバースというものが、方程式の解として自動的に出てくるのです。

第2講

よくできすぎた宇宙の謎

我々の宇宙の物理法則はなぜ人間に都合良くできているか

第1講で、超弦理論をもってすれば、「歴史が違うのはもちろんのこと、素粒子の種類も質量も、真空のエネルギー密度も空間の次元すら違う宇宙も、とにかくいろいろぐちゃぐちゃっと存在する」というのが自動的に出てくる、ということをお話ししました。

しかし、「宇宙はたくさんあるのかもしれない」という議論は、実は別のところから始まったのです。

そもそもの発端は、「我々の宇宙」が、「ありえないほどよくできている」ように見えるのはなぜなのか？　という疑問でした。

この我々の宇宙がよくできすぎているという事実は、真空のエネルギー密度と呼ばれる量にもっとも顕著に表れているのですが、その話はまた後にするとして、まずはもう少しわかりやすい、素粒子の構造という問題を見ていこうと思います。

「我々の宇宙」には百何十種類の原子があります。

なぜそんなに種類があるかというと、素粒子の種類とか質量とかが、「我々の宇宙」が持っているまさにその値だからです。取り得るありとあらゆる可能性の中から、この「特定の値」を取ってやらないと、我々の宇宙と同じにはなりません。

第1講では、宇宙のすべての現象は標準模型の数式でほぼ正確に記述できるという話をしました。

実は標準模型には20〜30のパラメータ（変数）が存在しているのですが、そのパラメータはこの理論自体では決められません。

そして近年、これらのパラメータの値、つまり素粒子の質量とか性質とかが違ったらどんな宇宙になるのかといったようなことを、シミュレーションすることができるようになってきました。

その結果、これらのパラメータのいくつかは、さっき言った「特定の値」からほんのちょっと変えただけで、宇宙の構造が大きく変わってしまうような、非常に特別な値を取っていることがわかってきたのです。

例をあげると、標準模型には「ヒッグスの二乗質量」というパラメータがあり、このパラメータは理論的には実際の観測値よりも何十桁も大きい範囲にわたって正負どちらの値も取ることができるのですが、これを観測された値からほんの少しずらしただけで、存在し得る原子の種類がいきなり1種類とかになってしまうようなことが起こります。

存在し得る原子が1種類の宇宙なんて、ほぼ何もないと言っていい世界です。いわばそれはボアリング(退屈)な宇宙であって、少なくとも生命が生まれるような複雑な構造には絶対になりません。

要するに、「我々の宇宙」が持っている「特定の値」でなければ、我々の宇宙のような複雑な構造を持った世界は生まれない可能性が非常に高そうなのです。

「ていうか、そんなの単にたまたまそうだっただけじゃね？」って思う人がいるかもしれません。

でも、「たまたま」って言っても、その精度が極めて高い場合には、それを実現するのはめちゃくちゃ難しいんです。

ダーツをイメージしてください。

本来のダーツはある程度のエリアに入れば当たりですが、そうではなく、小さな点を書いて、それを的にしたとしましょう。

そして、投げる矢は1本です。

その1本がたまたまそこに当たるなんてことがあるでしょうか？

しかも、ほんの少しずれただけでもダメなんですよ。それだけでもう、複雑な構造を持った宇宙はできないんです。

だから、もしもたった1本投げただけでそこにピタっとハマるのだとすれば、なんらかの仕掛け（メカニズム）があると考えるのが自然です。普通に考えれば、というか、少なくとも科学者だったら、誰だってそのメカニズムを探したくなるってものです。

そこで当然、この「特定の値」の持つ意味はなんだろう、つまり、「なぜこの特定の値になったのか」というメカニズムを探そうって話になったわけなんですが、それがよくわからないのです。

例えば実験的にわかっている素粒子の質量の絶対値は、0.002、0.005、0.0094、1.67、4.78、173……みたいにあまりにも恣《し》意《い》的（勝手気まま）で、そこにメカニズムがあるようには見えません。

それでもとにかく、この「特定の値」以外だと、何もない宇宙にしかならないのです。あたかもそれは、この「特定の値」で宇宙を作るように、物理法則が我々人間に都合良く（つまり、人間という生命体が生まれ得るように）、極めて巧妙に選ばれているようにさえ見えるのです。

この物理法則はもちろん人間が決めたわけではありません。人間は、自分たちが宇宙を理解するために、それを標準模型という形で「解明した」というだけです。

だから、仮にその法則を決めた「何か」があるとして、その「何か」が人間のことなんか気にするはずはないんです。そもそも宇宙から見ればちっぽけな存在にすぎない人間に物理法則のほうが忖度《そんたく》してくれるなんてことは、どう考えたってあり得ないでしょう。

そもそも現代のサイエンスというのは、この世界で人間が「特別な」存在ではないという「コペルニクス原理」を採用することによって発展してきました。地球が宇宙の中心だとか、ましてや人間のために宇宙があるなどと思っていては、そこから先に進むことはできません。

それにもかかわらず、アンドロメダ銀河など遠くの銀河をも含む、我々の宇宙全体を支配するような物理法則が、人間のためにあるかのように、あまりにも都合良くできすぎているんです。

そんなことが起こる理由は、法則をそのように決めるメカニズムがない（少なくともないように見える）以上、せいぜい2つくらいしか考えられません。

一つは、いわゆる神様みたいな存在がいて、そのお方がすごいばっちり決めてくれたから、というものです。

でもこれを言っちゃうとそこで話が終わってしまって、サイエンスがやることなんてなくなってしまいますから、こっちの可能性はとりあえず外しましょう。

もちろん、神様はいてもいいんですよ。

ただし、神様の存在を問わずに自然を理解しようっていうのがサイエンスの本質なので、そういう意味で外す、ということです。

そして、神様の存在に頼らないとしたら、残る答えは一つしかありません。

ダーツの話で言えば、それこそ無茶苦茶な数の矢を投げたから――。

つまり、宇宙というものが無数にあって、その中からたまたま「特定の値」を得た奇跡の宇宙に我々が住んでいるのだ、ということです。

無数にある宇宙のたまたま一つが「我々の宇宙」だった

まさしくそれは、我々の住む地球が〝奇跡の惑星〟と呼ばれる状況と同じです。例えば、太陽からの距離がちょっと近かっただけで、地球上はどこもかしこも灼熱の世界になってしまうし、地球の大きさが今よりちょっとでも小さければ、重力も小さくなって、水という水が地球上からなくなってしまいます。

つまり、太陽からの距離とかサイズが奇跡的なコンディションにあるから、地球だけが豊かな森に恵まれて、動物なんかも生まれ、そして進化して、人間のような知的生命体が生まれたわけです。

距離とかサイズなどをうまーく調整しない限り、液体水素だらけになったり砂漠だらけになったりすることは、物理や化学を考えればすぐにわかります。

そして、実際そうなんですよ。銀河系の中には死ぬほどの数の惑星があって、そのほとんどは液体水素やメタンガスだらけだったり、何もない砂漠だったりするんです。土星なんて表面温度がマイナス180度以下とかですよ。

そんなところには少なくとも人間のような知的生命体は生まれないでしょう。

地球以外にも知的生命体が住む惑星がもしもあるのだとすれば、そこも地球と同じように奇跡的なコンディションに恵まれている場所であるはずです。

だから彼らはきっと我々と同じことを言いますよ。

「オレたちの星は、恒星からの距離もサイズも奇跡的にぴったりだ！」ってね。

でもそれって考えれば当たり前です。

だって、数ある惑星の中で、そういうラッキーなところにしか知的生命体はいないんですから。ラッキーでない星には、距離がどうだとかサイズがどうだとかを気にするような、というか気にすることができるような生命体が、そもそも存在しないんです。

つまり、知的生命体に都合のいいように太陽からの距離とかサイズとかを神様がチューニングしてくれたわけではなく、「数ある可能性の中からたまたまそこがそういうコンディションになり、そのコンディションが知的生命体が生まれるのに都合が良かったから知的生命体が生まれ、そこに知的生命体がいるから太陽からの距離がどうだとか自分たちの星のサイズがどうだとか言っている」というだけの話なんです。

そうすると神様の存在は不要になりますよね。

「我々の宇宙」もそれと同じなのではないでしょうか。

その数々の宇宙は遠くにあるのかもしれないし、膜宇宙の形で近くにあるのかもしれないし、もしかしたら将来とか過去にある可能性もあり得ますが、とにかくどんな形であれ、素粒子の種類とか質量とか真空のエネルギー密度などがランダムに違う宇宙がたくさんあれば、その中のいくつかの宇宙がたまたま「できすぎた条件（特定の範囲の値）」にバチっとハマる可能性はあります。

そしてそこだけに人間のような知的生命体がいるんです。逆にそうじゃないところには原子すら生まれないのですから、意識を持つような生命体は生まれないし、だから自分の宇宙が都合良くできているかそうでないかなんて考えません。だって何もいないんですから。自分の宇宙だけが都合良くできているように見えるのは、そもそもそういう宇宙にしか、そういうことを考えるような生命体が住んでいないから——。

そう考えるほうが自然ではないでしょうか。

もちろん、地球という惑星がたまたま奇跡的なコンディションに恵まれたおかげで自分たちが今ここにいるんだという話には、すでに多くの人が納得しています。でもそれって、「地球が数多《あまた》ある惑星のうちの一つであること」を当たり前のこととして知っているからですよね。

それを知っていれば、太陽との距離とか地球の大きさが「なぜ」そうなったのかを考えたって答えなんか出ないこともわかります。たまたまそうなったところに我々がいるというだけで、そうなったこと自体にメカニズムも理由もないんですからね。もしも地球が唯一無二の惑星だと思い込んでいたら、太陽と地球はなぜこの距離にあるのだろうかとか、なんで地球はこの大きさなのだろうかなどと、プラトン以来の答えの出ない問いとの戦いを今もずっと続けているに違いありません。

16～17世紀にもっとも活躍したサイエンティストの一人で、ケプラーの法則と呼ばれる惑星の運動に関する法則を発見したヨハネス・ケプラーも、太陽系は唯一無二だと思っていました。だから、当時知られていた惑星の数である6という数字や、それら6つの惑星の太陽からの距離を説明する理論を探そうとしたのです。

同じように、20世紀の物理学者たちは、私たちが観測した標準模型のパラメータの「特定の値」を説明する理論を必死に探し続けました。今もその姿勢を崩さない人ももちろんいますが、実際のところ、すべてのパラメータの詳細な値を説明できる理論は未だに見つかっていません。

つまり、「『我々の宇宙』がすべて」という前提だと、話が行き詰まってしまうように見えるのです。

理論値より120桁も小さかった真空のエネルギー密度

そんななか、「『我々の宇宙』以外にも宇宙はたくさんある」とはっきりと言い出したのが、アメリカの物理学者、スティーヴン・ワインバーグです。

彼がそう予言した理由には、標準模型のパラメータではなく、我々の宇宙を特徴づけるまた別の量である「真空のエネルギー」というものが関わっています。

一般には聞き慣れないであろうこの言葉を、特に説明もしないままここまでしれっと使ってきちゃいましたが、遅ればせながらここで簡単に説明しておこうと思います。

真空というと、一般には何もない状態だと思うでしょうが、一般相対性理論によれば、空間からすべての物質が取り去られても、その空間自体がまだエネルギーを持っていると言うことが可能です。

この真空のエネルギーは正の値も負の値も取ることができ、値が正であれば空間を膨張させるように働き、負であれば縮ませるように働きます。また、ゼロであることも可能です。そして体積あたりの真空のエネルギーが真空のエネルギー密度です。

十分に時間が経つと、空間の持つエネルギー密度は最小になるように調整され、最低エネルギーの状態に落ち着くことになります。この状態のことを物理では「真空」と呼ぶのです。

「我々の宇宙」の真空のエネルギーが実際どれくらいなのかはずっとわからないままでしたが、例によって量子力学と重力をつぎはぎにして考えた、「おそらくこれくらいだろう」という理論的な見積もり値（絶対値）はよく知られていました。

ところが、その後のさまざまな宇宙観測が明らかにした真空のエネルギーが取り得る絶対値の上限は、理論が見積もった値よりなんと120桁近くも小さかったのです。

120分の1ではなく、120桁ですよ。

例えば理論値が1だとすると、0・0000000000000000000……って、小数点以下に0が119個ついて最後に1がつくくらい小さいんです。これは理論物理学史上、もっとも外れた予言だと思います。

そして、このあまりにも小さすぎる数字に理論物理学者たちは驚きます。

と、同時にこう思ったんです。

「いやもうこれは、ゼロってことなんじゃね？」

絶対値の上限以下であれば観測的な矛盾はなく、ゼロであっても別に問題はないわけですからね。

そもそも「理論的な予測より120桁も小さい、あるのかないのかわからないようなビミョーな値になる」メカニズムより、「完全な理論では打ち消し合ってゼロになる」みたいなメカニズムのほうが断然ありそうじゃないですか。ゼロって気持ちがいいし、どこか特別に見えますからね。

だから自分たちがまだ気づいてないだけで、真空のエネルギーをゼロにするメカニズムが必ずあるに違いないと考えたわけです。

真空エネルギーをゼロにするメカニズムは見つからなかった

そうして、多くの理論物理学者たちが、「真空エネルギーをゼロにするオレ的理論」みたいなものを考え始め、論文もたくさん出されました。

おそらくワインバーグ自身も最初は真空のエネルギーはゼロだと考えていたのだと思いますが、納得できる理論が見つけられなかったんだと思います。

実際、ワインバーグは1988年に数多出ていたそういう他人の論文を何十ページにもわたって徹底的に検証するレビュー論文を書いていて、そこでこれらの論文をものすごく細かいところまでねちっこく調べ上げ、「こいつの言ってることはここがおかしい」とか「こいつの言ってることはあっちの話と矛盾してる」とか「こういう仮定をすればゼロになるとか言ってるけど、そもそもの仮定がナンセンスだ」とか「この前提ならゼロになるとか言って、前提の時点からゼロだって言ってんじゃん」とか、「この論文は根拠なくゼロでーすって言ってるのと変わらないじゃないか！」など、とにかくあらゆる「真空エネルギーをゼロにするオレ的理論」を論破しています。

そのようにいろいろと提案されていた理論を調べる中で彼は、「どうやっても真空のエネルギーをゼロにするメカニズムが見つからないのなら、考え方を変えたらどうか。つまり、そもそもそんなメカニズムがないとしたらどうなるだろうか」というふうに考えるようになったんだと思います。要するに、「いくら探してもないんだったら、そんなもん最初からないんじゃね？」というわけですね。

そんな中で1987年に発表したのが、有名な（というか正確にはのちに有名になった）「宇宙項の人間原理的制限（Anthropic Bound on the Cosmological Constant.）」という論文です。

彼は、真空のエネルギーがゼロではないと仮定したらどういう宇宙ができあがるのかを計算し、以下のような結果を得ます。

1．真空のエネルギー密度が理論値（宇宙観測から出された上限値より120桁大きい密度）と同じくらいだった場合は、何も生じ得ない。
2．真空のエネルギー密度が、理論値よりははるかに小さいが、宇宙観測によって出された上限値より少しだけ大きい場合も、何も生じ得ない。
つまり、真空のエネルギー密度が、上限値とされる数字くらいまで十分に小さくなければ、銀河も、星も、そしてもちろん生命体も、決して生じることがない、つまりその宇宙は複雑な構造を生じ得ないことを明らかにしたのです。

ワインバーグの主張を冷めた目で見ていた科学界

そういうことからワインバーグは、次のように考えます。

「真空のエネルギーが違う値を取るいろんな種類の宇宙があれば、その中にはたまたま『我々の宇宙』のようにすごく小さな値を取るものもある。そして私たちのような生命体はそういう宇宙にしか生まれないのだから、そのような生命体が宇宙を観測したら必ず小さい値を観測することになる。つまり真空のエネルギーが小さいこと自体にそもそもメカニズムなどはない」

また、もしそうだとすれば、真空のエネルギーが必ずしもゼロになる必然性はなくなるし実際ゼロではないはずだ、というのがワインバーグの結論でした。理論的にはそれより120桁も大きいのが自然であって、かつ、別にゼロじゃなくてもある上限を下回れば銀河や星や生命体が生じるのだとしたら、同じたまたまでも、上限ギリギリの値を取る確率のほうが高いと考えられますからね。

だから「これから観測の精度を上げていけば、真空のエネルギーはゼロでない値として見えるに違いない」と主張したのです。

しかし、ワインバーグのそんな予言に科学界がすぐに同意したかというと、実はそうではありません。率直に言えば、あまり注目もされず、論文の引用回数もほとんどありませんでした。

ワインバーグは素粒子の相互作用を記述する「電弱統一理論（ワインバーグ＝サラ

ム理論)」の研究により1979年にノーベル物理学賞を受賞しているので、すでに有名な科学者だったんですが、「はいはい、偉くなったら、なんでも言えるんですねー」みたいに、どこか冷めた目で見られていたのです。

もちろんそれは、「宇宙がたくさんある」こと自体があり得ないと考えられていたせいもあるのですが、彼の予言がそこまで軽んじられてしまったのは、論文のタイトルに「人間原理」という言葉が入っていたことも関係しているかもしれません。

「人間原理」って言葉を聞くと、なんか「人間が中心」みたいな印象を受けるじゃないですか。でもそういう考え方は、人間とか地球とかを特別な存在だと捉えちゃいかんとする「コペルニクス原理」に反します。中にはワインバーグが持ち出したような人間原理を、人間が世の中の中心になるよう神様が配慮したみたいな話に誤解して、「科学に神の存在を持ち出すんじゃねぇ」みたいな批判をした人もいたみたいです。

でも、実際のワインバーグの理論は、決してそんな話ではありません。むしろまったく逆なんです。

「いろんな真空のエネルギーを取る宇宙がたくさんあって、その値が限られた(十分に小さくなった）この範囲に入った宇宙にしか人間はいない。だから小さい値だけしか観測されないのは、そもそもそこにしか人間がいないからだ」という極めてロジカルなもので、そこに神なんてものはまったく出てきません。

まあ、そういう意味では論文のタイトルのつけ方も賢くなかった可能性もありますが、結局ワインバーグのこの予言はそのままなかったものかのように放置され、多くの物理学者たちは相変わらず、ゼロにするメカニズムの解明のほうに躍起になっていたわけです。

「宇宙は加速膨張している」という世紀の大発見

ところが1998年に、その状況を劇的に変える出来事が起こります。

ソール・パールマター（カリフォルニア大学バークレー校及びローレンス・バーク

レー国立研究所）、ブライアン・シュミット（オーストラリア国立大学）、アダム・リース（ジョンズ・ホプキンス大学及び宇宙望遠鏡科学研究所）等に率いられた2つのチームが「宇宙の加速的膨張」を発見したのです。

こうして文字で書くとあんまりたいしたことなさそうな感じになりますが、これって、ものすごいことなんですよ。

実際この3人はこの世紀の大発見によって、2011年にノーベル物理学賞を受賞しています。

宇宙が膨張していること自体は、1929年のエドウィン・ハッブルの観測などによってすでにはっきりしていたので、その頃のサイエンスの世界では「じゃあどれくらいのスピードで膨張しているのか」というのが一つのテーマでした。

しかも、万有引力という名が示す通り、宇宙になんらかの物質があれば必ず互いに引き合う力が働くので、膨張のスピードは徐々に遅くなるはずです。その度合いはわからないけれど、少なくとも遅くなる方向になるのは間違いない、と誰もが思い込んでいたのです。

だからパールマター、シュミット、リースらの実験も、もともとは宇宙の膨張がどのくらいの割合で減速しているかを示す「減速パラメータ」を測るためのものだったんですよ。というか、すでにこの名前になってる時点で「減速」が前提だったことがわかりますよね。

ところが、実際に観測に成功して出てきたのはなんと負の値でした。

ややこしいですが、「減速パラメータ」が負だということは、「マイナスに減速する」、つまり「加速している」ということですよね。

要するに、膨張のスピードはどんどん速くなっていることがわかったんです。

このいわばアクシデントのような発見は、宇宙論界隈に身を置く人間にとって、にわかには信じがたい衝撃的なものでした。

僕は当時、大学院生だったのですが、第一報を聞いたときの周りの驚きようを今でも鮮明に覚えています。もちろんそれまでの常識を根底から覆すこの発見の意味をすぐに考え始めた研究者もいましたが、実験グループの結果に疑問を呈す学者も多くいました。ですが、時が経つにつれて新たなデータも加わり、宇宙が加速膨張していることはもはや疑いようのない事実であることがはっきりしたのです。

宇宙の加速的膨張を発見してノーベル物理学賞を受賞したうちの一人であるパールマター氏は、今でもカリフォルニア大学バークレー校にいて、まさに僕の同僚なのですが、以前本人から聞いた話だと、彼は論文にして発表するだいぶ前から、減速パラメータが負だという結果を得ていたのだそうです。

でも、あまりにも衝撃的な結果だったので、なかなかすぐには受け入れられなかったそうです。だから、すぐには発表せず、何度も何度も何度もチェックを繰り返していたようなのですが、そうしているうちに、別のグループも同じような結果を得ているという噂を聞き、それで急いで発表したみたいです。結果、同時の提出ということで（もちろん完璧に同時ではないでしょうけど）、チームが違う3人がみんなノーベル賞を獲ることができて、それはそれでハッピーでよかったんですけど、一歩間違えれば先を越されてしまう可能性もあったわけですよね。

だから、別のグループも同じ結果を得ていると知ったときには相当焦っただろうと思いきや、「焦ったというより、ほっとした」と彼は言うんですよ。「そうか、この結果は間違ってないんだ」って安心したそうなんです。

それくらい、当時からするとあり得ない結果だったのです。だから、同じ結果を得ている仲間がいることに、むしろ勇気をもらったんでしょうね。

新しい発見って、もちろんうれしいことではあるのですが、それを発表するときって実はめちゃくちゃ怖いんですよ。もしそれが間違っていたら、「ああ、あいつは終わったな」なんて言われかねないですから。

それが常識に反することであったなら、なおさらでしょう。

何度チェックしても同じ結果が出る。これがもし本当だとしたらすごい発見であるのは間違いない。でも、「減速パラメータが負だ」なんて言っても誰も信じないんじゃないか。それどころかもしどこかで簡単な間違いでもしていたら、それこそあり得ないミスをしたという烙印を押されて自分のキャリアはここで終わるんじゃないか、みたいな不安を彼がずっと抱えていたであろうことは、同じ科学者として痛いほどよくわかります。

物質のエネルギー密度と真空のエネルギー密度がほぼ一致する謎

さて、宇宙の加速的膨張の発見が、なぜそれほどまでに衝撃的だったのかと言うと、加速膨張というのは、物質だけで構成される（と思われていた）宇宙では絶対に起こらないからです。さっきも言ったように、物質には必ず引力があり、それが膨張を遅らせるように働きますからね。

つまり、宇宙が加速膨張をしているという事実は、「宇宙には物質以外の何かがある」ことを意味するんです。

いったいそれは何なのか。

そこに科学界はザワつきますが、理論的に考えられるのは、真空のエネルギーくらいしかありません。

この言葉を説明するときに話したように、真空のエネルギーが正の値であれば、真空自体が空間を膨らますふうに働きます。空間を作ったほうが得だと言わんばかりにどんどんどんどんどん膨らんでいく、つまり、膨張のスピードが加速していくのです。だからこの時点で、「真空のエネルギーゼロ説」は否定されます。「真空エネルギーをゼロにするオレ的理論」、すべて却下です。

より正確に言えば、真空のエネルギーは本当はゼロなのだけれど、「真空のエネルギーのように見えるもの」があるのだという理論もあることはあるのですが、それはそれでいろいろと問題があるので、以後は話題にしないことにします。

しかし、この真空のエネルギーが現在の宇宙の加速膨張を生み出しているという解決策は、また別の謎を生みます。

現在では、宇宙の全エネルギー密度のうち、物質のエネルギー密度が30%、真空のエネルギー密度が70%くらいのバランスにあることがわかっています。ざっくり言えば、その比は1対2くらいですから、真空のエネルギー密度は、物質のエネルギー密度のたった2倍ちょっとしかありません。

「物質のエネルギー」というのは、質量のある物質がもつエネルギーのことです。

ちなみに$E=mc^2$というのは、アインシュタインの公式と呼ばれる超有名な式ですが、これのEというのがまさに物質のエネルギーです。そして、mは物質の質量、cは光速を表します。この式は、「物質はその質量に光速の二乗をかけた分のエネルギーを持っている」ことを表しています。

その「物質のエネルギー密度」に対して、真空のエネルギー密度が「たった2倍ちょっと」という、さっき使った表現に違和感を覚える人がいるかもしれません。

でも、真空のエネルギー密度の値というのは、理論の自然な値にくらべて０・００００００００００００００００００００００……と、小数点以下に0が１１９桁並ぶような小ささです。

つまり2倍ちょっとの差というのは、別の言い方をすれば、この2つのエネルギー密度が１２０桁の精度で一致しているということなんです。

例えるなら、あなたと誰かがお互いに情報を共有せず、１２０桁の数字をそれぞれ好きに書いたら、最後の1桁以外他は全部一致していたくらいの話です。

これはもう、「たった2倍ちょっと」どころか、ぴったり一致しているといっても差し支えないですよね。

だからもう、ここからは「ぴったり一致」って言っちゃいます。

つまり、別の謎というのは、真空のエネルギー密度と物質のエネルギー密度が、なぜこんなにも都合良く、ぴったり一致するのか、ということなんです。

人間が生まれたのは「奇跡のタイミング」なのか

実はこの謎は、一見して思うよりもはるかに不思議な謎です。

初期の宇宙は物質がぎゅうぎゅうに詰まっていますから、物質のエネルギー密度は今よりずっとずっと大きかったはずですが、宇宙は膨張しているわけですから、時間

図3　物質のエネルギー密度と真空のエネルギー密度の時間変化

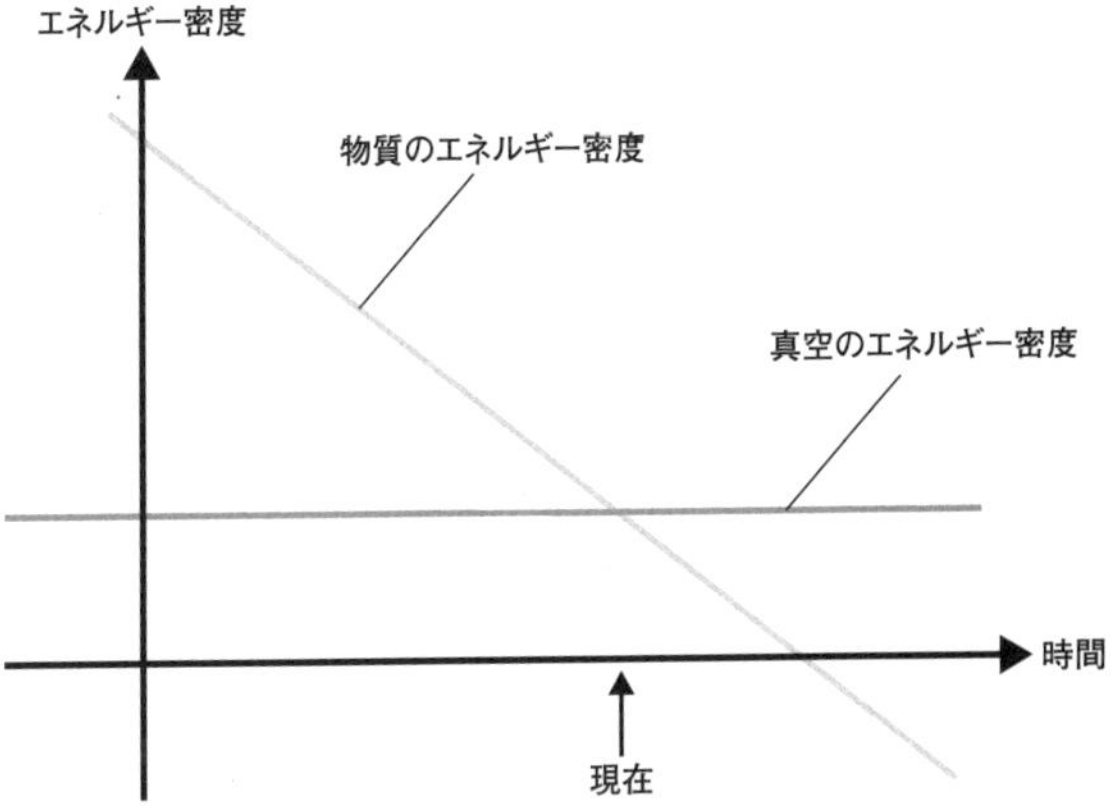

とともに物質はどんどんまばらになります。だから、体積あたりの物質のエネルギー量、つまり物質のエネルギー密度は時間とともに小さくなっていくのです。

一方、真空というのは、膨張しようがどうしようが真空であることに変わりはないので、エネルギー密度は一定です。

片方は時間とともにどんどん小さくなっていて、片方はずっと一定ですから、この2つのエネルギー密度の時間変化はまったく違うというわけです。

それを示すのが図3ですが、これを見ると初期の宇宙では、物質のエネルギー密度の方が真空のエネルギー密度よりはるかに大きかったことがわかりますよね。逆に将来の宇宙では真空のエネルギー密度の方が物質のエネルギー密度よりも大きくなっていくのです。

つまり知的生命体である人間は、この2つのエネルギー密度がほぼ同じ大きさで存在する特別な時代に生きている、というわけです。

でも、これが不思議なのです。

だって、初期の宇宙は物質のエネルギーのほうがはるかに（100桁以上のレベルで）大きかったんですから、真空のエネルギーなんて無視できるほど小さかったはずなんですよ。言ってみれば、ゴミみたいなものですよね。

それなのに、そこから138億年後の人間が生まれるまさにそのタイミングで、どんどん小さくなっていく物質のエネルギー密度とぴったり同じ大きさになるように、超超超超超超〜小さいゴミレベルのエネルギー密度に初期設定する、そんな都合のいいメカニズムなど果たしてあるのでしょうか——。

そうするくらいなら、いっそそのことゼロにしちゃうほうが圧倒的に簡単です。

だから物理学者たちは真空のエネルギーをゼロにするメカニズムのほうを探そうと

していたんですよ。

しかしそれすら見つけられないうちに、今度は真空のエネルギー密度がゼロではない、しかも現在人間が宇宙を観測した時点での物質のエネルギー密度とほぼ同じことがわかってしまったのです！

20年を経て正しさが証明されたワインバーグの予言

そんななか、約20年のときを経て発掘されたのが、ずっと無視されていたワインバーグの例の論文でした。

「真空のエネルギーが必ずしもゼロになる必然性はなく、実際ゼロではないはずだ」、「真空のエネルギーはゼロでない値として見えるに違いない」とワインバーグは言っていましたよね。

より正確に言うと、「真空のエネルギー密度は、現在私たちが観測している物質のエネルギー密度と大体同じ値になるだろう」というのが、彼の主張だったのです。

なぜなら前にも言ったように、真空のエネルギーがあれば、真空自体が空間を急激に膨らませるか、もしくは縮ませるかのどちらかであるはずだからです。ただし、このようなことは、真空のエネルギーが物質のエネルギーに対して支配的になったときに起こります。だからもし真空のエネルギー密度（の絶対値）が、現在の物質のエネルギー密度より数桁以上大きかったとしたら、私たちや星や銀河――これらは宇宙論的スケールでは100億年程度のほぼ同時期に生じるのですが――が生じる前に宇宙は急激に加速膨張してすべてが吹き飛ばされてしまう（真空のエネルギーが正の場合）か、逆に急速に収縮してつぶれてしまう（負の場合）ことになってしまったはずです。その場合、当然宇宙に構造はできません。

つまり、銀河や星、生命体といったなんらかの構造を持っている宇宙の真空のエネルギー密度は、これらの構造が生まれる時点での物質のエネルギー密度と同じくらいか、それより小さくなければならないのです。そして先にも見たように、ワインバーグは前者が後者よりはるかに小さくなることは考えにくいと論じたのです。

宇宙の加速的膨張が発見されたことによって、このワインバーグの予言は正しかったことが証明されました。

それでやっと「いろんな種類の宇宙があって、その中でたまたま真空のエネルギーがものすごく小さいのが『我々の宇宙』なのだ。だから真空のエネルギーが驚くほど小さいこと自体にそもそもメカニズムなどはない」という彼のマルチバース論も「なくはないな」って話になったわけです。

実際には、加速的膨張の発見自体は1998年ですが、それが本当に正しいのかどうかを数年かけて検証したりとかいろいろごちゃごちゃやっていたので、そこからワインバーグの論文を引っ張り出してきて、その理論をみんなが真剣に考え始めたのは21世紀に入る頃からではありましたけどね。

ワインバーグにしてみれば、「おっせーよ!」ってところでしょう。とはいえ、彼自身も自分の昔の論文を引っ張り出してきて宣伝を始めたのは21世紀に入る頃からでしたから、新しい発見が受け入れられるようになるというプロセスはそんなに簡単なものではない、ということなのかもしれません。

それはともかくとして、ワインバーグが言っていたように、宇宙がとにかくたくさんあるのだと仮定すれば、今、「我々の宇宙」の真空のエネルギー密度の値が物質のエネルギー密度の値とぴったり同じくらいであることの説明がつくわけです。

要するに、世界には真空のエネルギーが理論が許す範囲のランダムな値を取るいくつもの種類の宇宙があって、その中にたまたま真空のエネルギーの値がものすごく小さい宇宙、より具体的には真空のエネルギー密度が銀河や星、生命体などの構造が生まれる138億年後の物質のエネルギー密度と同じくらいに小さい宇宙があり、そのような宇宙にのみ人間が生まれ得たのだと考えることができるのです。

つまり、そのような宇宙にのみ存在し得る人間という生命体が自分たちのいる宇宙を観測するから、真空のエネルギー密度の値が「めちゃくちゃちっちぇーなー」ってことになるわけで、一見なんでそんなに小さいのか不思議に思うけれども、真空のエネルギー密度（の絶対値）が今よりちょっとでも大きかったとしたら、加速膨張がどんどん進んですべてを吹き飛ばしてしまう（もしくは急激に収縮して宇宙自体をつぶしてしまう）ので、そういう宇宙にはそうしたことを不思議がるような人間も生まれようがなかった、というだけの話なんです。

こう考えると真空のエネルギー密度がゼロではなく、しかも現在の物質のエネルギー密度と同程度の大きさを持っているのは、そう不思議ではないように思えてきますが、この話が成り立つためには「真空のエネルギーが違うさまざまな種類の宇宙」が存在しなければなりません。

だから、ワインバーグのこの議論も、「真空のエネルギーが違う値を取るいろんな種類の宇宙があって」などと、サラッと言った時点で、多くの科学者が「いや、その前提がすでにありえねーだろ」と思ったわけなんです。

しかも、本講の最初に述べた、より一般の素粒子の構造に関する謎にまで答えようとしたら、真空のエネルギーだけではなく、素粒子の種類から質量からとにかく何から何まで違う宇宙がたくさんなければならないんです。

そんな種類の違う宇宙が、ほぼ無数に存在するなんてあり得ない……。

と思っていたら、あったんですよ！

ていうか、ありましたよね？

そう！　１９８０年代から物理学の世界ではすでに研究が進んでいた、あの、超弦理論をもってすれば、それが出てくる、しかも自動的に出てくるのです。

第3講

予言されていたマルチバースの存在

「真空のエネルギー小さすぎ問題」をどう解決するか

ゼロってことにしたかった真空のエネルギーが、ゼロではないことがはっきりしたことで、かつては完全スルーに近かった「真空のエネルギーが違う値を取るいろんな種類の宇宙があって、その中でたまたまものすごく小さい値を取ったのが『我々の宇宙』である」というワインバーグのマルチバース論が改めて引っ張り出されることになりました。

彼の理論の要諦《ようてい》は、「真空のエネルギーがめちゃくちゃ小さいのは単なる偶然であって、そうなるメカニズムなど存在しない」ということです。

ただし、その理論が成立するためには、「真空のエネルギーが違う値を取るいろんな種類の宇宙」がそれなりの数で存在しなくてはなりません。

例えば、10cm四方くらいの紙の中の100分の1の面積の的に適当に投げたダーツの矢を当てようとすれば、少なくとも100発は投げることを前提にしなければ普通は当たらないでしょう。

この理屈を真空のエネルギー密度に当てはめると、取り得る値に対して0・000000000000000000……と、小数点以下に0が119個並ぶようなものすごく小さい割合の値を取るには、少なくとも10×10×10×10×10×10×10×10……と10を120回かける種類の宇宙がなきゃ無理だって話になります。

つまり、ワインバーグが「真空のエネルギーめっちゃ小さい問題」を解決するための前提にした「いろんな種類の宇宙」というのは、最低でも、1の下に120個の0がつくくらいの種類の宇宙のことなんです。

もうこれは「それなり」なんてレベルではありません。

逆に言えば、それくらいとてつもない種類の宇宙がなければ、ワインバーグの理論は使えないんですよ。

当のワインバーグは、真空のエネルギーが超小さくなる理由は、そう仮定することでしか見つからない、というようなことを言っていただけで、そんなとてつもない種類の宇宙をどうやって存在させるかという話はしていません。

だから、「いろんな種類の宇宙があれば」っていう仮定が、そもそも実現し得るのか、という疑問が残ったわけなんですね。

9＋1次元あることが前提の超弦理論

第1講でも話したように、1980年代から活発に研究されるようになった超弦理論は、量子力学と重力理論を一体化させることに成功していると思われる唯一の理論とされています。

念のためにもう一度サクッと説明すると、超弦理論というのは、物質をどんどん細かくしていくと最後は粒子じゃなくて、紐なんだとする理論のことです。

なんで紐ってことにする必要があるのかはここではあえて触れませんが、とにかくそうすることで、量子力学に重力の話が矛盾なく入ってくるんです。

この超弦理論というのは、まるで針の穴を通すようにうまーくやらないと成立しないという変な理論で、「物質の基本単位を紐ってことにする」だけだと、第一関門しか突破できません。

もっと厄介な次の関門は、時空の次元の数を空間9+時間1の10次元としなければ矛盾が出てくることです。第1講で「超弦理論自体、我々の知覚しない次元が存在することが前提」と言っていたのはこのことなんですよ。

言い方を変えれば、超弦理論が予言する空間の次元の数は9なんです。

我々の一般的な感覚からすると空間次元はどう考えても3なので、どうにもこうにも違和感は拭えませんよね？

とはいえ、さっきも言ったように量子力学と重力理論を一体化させることに成功していると思われる唯一の理論ですから、これを使うためにはこの違和感は受け入れるしかありません。

だから、これも第1講で話したような「9個のうちの6個の次元は小さすぎて見えないんです説」を採用して解決する方針がとられました。

つまり、我々が認識している3次元は大きいけれども、残りの6次元はむっちゃ小さい、だから気づかないいんだよねーってことにしちゃったわけです。

そして小さすぎて見えない6つの次元に「余剰次元」という名前をつけ、それらの余剰次元が見えないくらい小さく丸められた——これを「コンパクト化された」と言いますが——そうした4次元時空に我々は住んでいるんだよねーってふうに捉えることにしたのです。

言ってみれば単なる逃げなんですけど、そうすれば、「『我々の宇宙』が3＋1次元に見える」という事実と、「量子力学と重力理論を合わせるには9＋1次元じゃないといけない」という超弦理論の間の矛盾は避けられるんです。

実は純粋な数学の世界では、次元というのは何次元でも構わないんですよ。自分たちの実感に合わせて空間の次元は3だってことにしてるだけで、3という数字に特別な意味はありません。

逆に言うと、数学って次元の数を絶対に決められないんです。

だから、次元の数を「予言した」こと自体ある意味奇跡で、その時点で超弦理論がすごい理論であることは、間違いないんですよ。

また、調べれば調べるほど新しいことが見つかる奥深い理論でもあるので、とにかくこの理論がすごいのは確かなんです。

ただ、予言した次元がもしも3＋1を出していたら、さらに「すげーっ」てなったはずですよね。

だって、我々が3＋1次元の世界に住んでいる理由を方程式で説明できちゃうんですから。きっと、「神理論、君臨！」みたいな扱いになっていたと思いますよ。

でも実際に予言したのは9＋1次元です。

だから、理論物理学者にとって超弦理論は、すごいことはわかるし、使わないわけにはいかないけど、ちょっと残念な性質があるよねー的な理論だったのです。

余剰次元によって説明可能な「真空のエネルギー小さすぎ問題」

皆さんも想像はできるかと思いますが、コンパクト化された空間の取り得る形のバラエティというのは、次元の数が増えるほど豊かになります。

例えば、1次元の場合は一つの方向にしか進めない線なので、基本、円か線分の形しか取り得ません。

しかし、2次元の場合は二つの方向に進める面なので、球面とか、ドーナツの表面のような形とか、境界のある円盤とか、さまざまな形を取ることができます。

そこに三つ目の方向が加わって立体的になる3次元の場合には、さらに形のバリエーションが増えます。

そしてコンパクト化された次元の数が6だということにでもなれば、取り得る形のバラエティは3次元空間よりもはるかに多くなります。

もちろん、余剰次元は非常に小さくコンパクト化されていますから、実際どんな形を取っているのかを直接感知することはできません。しかし、まったく感知できないというわけではなく、コンパクト化された6次元空間の形や大きさが違う場合は、それが平均化された世界に住んでいる我々には、違う種類の素粒子や真空エネルギーを持った3＋1次元時空として認識されます。

つまり、コンパクト化された6次元空間がいろいろな形や大きさを取り得るということは、3＋1次元の観点から言えば、さまざまな素粒子の種類や真空エネルギー密度をもつ宇宙が存在し得るということになるのです。

実際、コンパクト化された6次元の空間がどのくらいあるかと言うと、数だけ言えばあっという間に10の１０００乗とか1万乗とかになります。ある計算によると、十分に安定した形になるものに限定しても10の５００乗（10を５００回かける数）通り以上あると見積もられています。

これこそが、超弦理論の基本方程式が出してくる「宇宙の構造のバラエティ」であり、それはまさに、素粒子の質量とか種類とか真空のエネルギー密度などがすべて違う宇宙が10の500乗種類以上あるということに対応します。

つまり、超弦理論の枠内で考えれば、ワインバーグの理論を使うのに必要だった10の120乗種類よりはるかに多くの種類の違う宇宙、すなわち、真空のエネルギーが異なる宇宙が十分実現し得るというわけなんです。

具体的なイベントとしては、2000年に現カリフォルニア大学バークレー校のラファエル・ブッソと、カリフォルニア大学サンタバーバラ校のジョセフ・ポルチンスキーが、真空のエネルギー値と絡めた簡単な模型を提示したことがきっかけで、「超弦理論ってやつは、ワインバーグのマルチバース論が自動的に出てくる理論だったんだ！」ってことになり、一気に注目されるようになったのです。

もちろん超弦理論というのは、「真空のエネルギーめっちゃ小さすぎ問題」を解決するために生まれたわけではなく、量子力学と重力理論をなんとか一体化するために1980年代から研究されていたものでした。

そしてとりあえず一体化はできそうだけど、次元を10次元にしろとかわけのわかんないことを強要してくるから困ったなあ、まあ、しょうがないから6個分は小さすぎて見えないってことにしとくかーっていうふうに、余剰次元を邪魔者扱いしていたわけです。

でも、まさにその厄介ものの余剰次元というものが、結果的にみんなが頭を抱えていた「真空のエネルギー小さすぎ問題」の謎を解く鍵になったわけです。

いわばもう、「あってよかった余剰次元」ってやつですよ。

方程式が出している答えを思い込みで否定してきた歴史

ただ本当のことを言うと、超弦理論が原理的に「素粒子の質量や性質、真空のエネルギーなどが違う宇宙が死ぬほどたくさんある」という結論を導くこと自体は、多くの物理学者が1980年代から知っていました。

だから、超弦理論をもってすれば、素粒子の種類とか質量とか真空のエネルギーなどが全部違う宇宙が山ほどあることが自動的に出てくるよね、そうすると、真空のエネルギーが十分に小さくなったところにしか人間は生まれないから、人間が観測したら真空のエネルギーは必ず小さくて、かつゼロでなくても別にいいってことになるじゃん！　ってことを、「真空のエネルギーをゼロにするオレ的理論」がわしゃわしゃ出ていた1980年代に予言することだって実は可能だったはずなんです。

ところが当時は、超弦理論をこのように使うという発想はなく、実際ワインバーグも超弦理論については触れていません。

1998年に宇宙の加速的膨張が観測されて、「いろんな種類の宇宙がある」可能性を真剣に探り始めたことで、マルチバース理論に超弦理論を当てはめてみてはどうか、という話になったわけですが、要するにそれまでは、マルチバース理論と超弦理論はまったく別のところにある理論だったのです。

そもそも超弦理論をあえて宇宙論に使ったところで、「『我々の宇宙』がすべて」だと思い込んでいるうちは、「素粒子の種類とか質量とか真空のエネルギーなどが全部違う宇宙が山ほどある」なんていう結論は到底受け入れられるはずはありません。だから「いろいろと変な宇宙に対応する解が出ちゃって困ったな」としか思えなかったことでしょう。

まえがきではアインシュタインのエピソードを紹介しましたが、方程式がその答えを出していても、先入観とか思い込みのせいで、それを信じることができないというのは、まさに「理論物理学あるある」なんです。

アインシュタイン以前だと、例えば、ルートヴィッヒ・ボルツマンの話もそうですよね。

ボルツマンは、相対性理論と量子力学と並ぶ、現代物理学の三つの柱のうちの一つである統計力学をほぼ独力で作った人物なのですが、彼はずっと「原子が実在すると考えれば、その運動法則から物質の温度や圧力などのマクロな現象が説明できる」と主張していたんです。

ところが、彼が生きた19世紀は、「経験的事実だけしか認めん！」みたいな実証主義が強い世の中だったので、原子みたいな目に見えないものを考えるのは意味がないという空気だったんですよね。

そのせいでクレイジー扱いされ続けた彼は、結局精神を病んで自殺してしまいます。でも、後に原子の存在が実際に確認され、そこで初めて「そうか、ボルツマンの言ってたことは正しかったんだ！」って話になったんですよ。

アインシュタイン以降だと、陽電子の存在を予言したポール・ディラックのエピソードもあります。

電子の運動を相対性理論と矛盾しないように式で記述した彼は、電子と電荷が真反対のものが、同じ質量で存在するという解を得たんですね。

でも、当時は電子の真反対の電荷を持つものは陽子だけだ、という思い込みがあり、しかも陽子は電子より重いことはわかっていたので、「方程式を見ると確かに質量が同じって見えるけど、それは何かの間違いで、結局陽子のことなんだろう」と決めつけられたんですよ。

でも、その数年後に、まさに電子と電荷が真反対で、質量が同じものが見つかるんです。それが今でいう反粒子で、その後、電子だけでなく、陽子や中性子の反粒子の存在も確認されました。

つまり、ディラックの方程式のほうが合っていたんです。

理論や方程式の正しさの前に人間の直感は当てにならない

量子力学とか相対性理論のようなものは特にそうなんですが、理論物理学って僕たちの常識では考えられない現象を予言することが多いわけですから、よく考えてみれば、その予言の前では常識的な直感などあまり役に立たないのはある意味当たり前なんですよね。

それでも、世の中の、そしてときには自分の中にある常識や思い込みは、それらの予言をよく拒絶するんです。

観測とか実験などである程度目に見えるような形にならないと、「これは本当のことなんだ！」っていうふうにはなかなかならないんですよ。

せっかく方程式が答えを出しているのに常識のほうに囚《とら》われてしまうなんて、人間の思考はなんてちっぽけなんだとも感じるのですが、でもよく考えてみれば、常識では考えられないようなことを予言する理論とか方程式を考え出せるのもやっぱり人間の思考なのです。

サイエンスの世界って、その両方の思考のせめぎ合いを、ひたすら繰り返していたりするのですが、でも、そこが面白いなと僕自身は感じています。

特にドラマティックだと僕が思うのは、まさにワインバーグのマルチバース論みたいに、一見あり得ないような現象を予言していた理論が、最初はそんなのあり得ないってずっとバカにされるか相手にされないでいて、でも後になってやっぱり正しかったことがわかる、みたいな逆転ストーリーですね。

目の前になんだかよくわからない現象があって、それを説明する理論をパッと作るのも確かにすごいことなんですけど、それだとなんだかこう、すんなり「なるほど！」

って話になって、ちょっとつまらない部分もあるじゃないですか。

しかも、ワインバーグのマルチバース論の場合は、まったく別のところにあった理論の、しかも厄介だと思われていた性質がその論を強力に支える鍵になったわけですよね。そんなの誰も想像できなかったと思いますよ。

とはいえ実は、超弦理論の「解」がマルチバースの可能性を示唆している、といった話をする人が21世紀より前にまったくいなかったわけではありません。

特に有名なのは、スタンフォード大学のアンドレイ・リンデです。彼は1980年代から、超弦理論を根拠としてマルチバースの存在を主張していました。

当時の評価は散々で、「ああ、あいつはもう逝ってしまわれた」みたいな扱いを受けていたようですが、もちろん今では彼の先見性は高く評価されています。

画期的なインフレーション理論が予言してしまったこと

さて、超弦理論を見直すことで出てきたのは、「素粒子の種類とか質量とか真空のエネルギー密度などが全部違う宇宙が山ほどある」という結論でした。

ただし、だからといって「別の種類の宇宙が本当に生まれる」ことまでは保証しません。つまり、超弦理論は「マルチバースはあり得る話だよ」というところまでは持っていけても、「本当にあるよ」とまでは言い切れないのです。

実は、「宇宙は一つしかない」という常識がリセットされたことで、見え方がガラリと変わった理論がもう一つあります。

それが、1980年に、現マサチューセッツ工科大学のアラン・グースが、ビッグバン宇宙論の矛盾を解く鍵として提唱した「インフレーション理論」です。

「インフレーション理論」とは、簡単に言うと「ビッグバン以前の、まさに宇宙誕生から0・0000000000000000000000001秒後くらいまでの時期に、場のポテンシャルエネルギーと呼ばれる真空のエネルギーに似たものによって、超加速的な急膨張（インフレーション）が引き起こされたのだ」とする理論のことです。

その理論自体は、それまで考えもしなかった非常に画期的なもので、大きな注目を集めたのですが、結論から言うとグースが提案した「インフレーション」のアイデアのままでは、我々の宇宙の初期のモデルとしては機能しませんでした。

なぜかというと、実はグース・バージョンの「インフレーション」は、加速膨張をする宇宙の中に、別の宇宙が泡のように無限にどんどん生まれていく「永久インフレーション」という現象がほぼ間違いなく起こってしまうことが明らかだったからです。

イメージとしては、鍋に水を入れて火にかけると、100度になった瞬間に一気にすべてが水蒸気になるわけではなく、お湯の中に小さい泡がボコボコっとたくさん生まれますよね。まさにあんな感じです。

実はポテンシャルエネルギーが高いほうから低いほうへと流れようとする「相転移」の際にこのような現象が起こるのは、方程式を解いてもわかる普通のことです。

ただし、沸騰したお湯の場合なら、作られた泡たちがそれぞれ膨らんで最後はすべてが水蒸気になって終わりですが、宇宙の場合は違います。

次々と生まれる泡宇宙それ自体も膨張しますが、それらが生まれたり、膨張したりするスピードより、それらの泡がその中に生まれている「親宇宙」が急膨張するスピードのほうが一般に速いので、あとから生まれた泡宇宙同士が空間を埋め尽くしてしまうことはありません。その結果、その名の通り、永久にインフレーションが続いてしまうのです。

これでは、ビッグバン以前のフェーズにはなり得ないので、この現象が避けられないのは、なんともやっかいな問題でした。

だから、ビッグバン以前にインフレーションというフェーズがあったというシナリオは正しそうだけど、「永久インフレーション」の話だけはとりあえず忘れときましょうってことで、こっちは大した議論もせず、ほったらかしにしてたんですよ。

具体的には、グース・バージョンのインフレーションは永久インフレーションが起きないように改変され、その改変されたバージョンがビッグバン以前の宇宙のモデルとして採用されたんです。

超弦理論＋インフレーション理論がマルチバースを予言していた

ところが、「宇宙は一つしかない」という常識がリセットされたことで、この理論の新たな見方が生まれました。

「加速膨張をする宇宙の中に、別の宇宙が泡のように無限にどんどん生まれていく」という現象は、それぞれの泡がそれぞれ孤立した宇宙のように振る舞うことを意味します。

つまり、「我々の宇宙」が全宇宙などではなく、山ほどある泡宇宙の中の一つだと

図4　親宇宙の中に無限に生まれ続ける泡宇宙

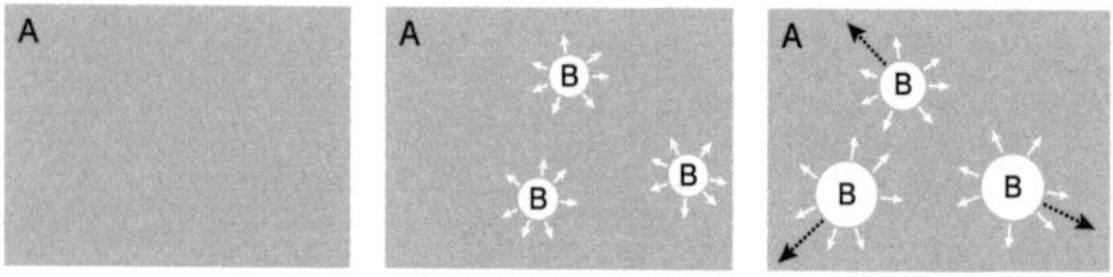

考えれば、これこそがまさに、マルチバースを作るのに決定的な役割を果たすメカニズムだということが一気にわかってくるのです（図4）。

実はグースによるインフレーションの方程式は、「複数の異なる宇宙、つまり異なる素粒子の性質等を持った宇宙の存在を理論が許すならば、一つの（親）宇宙の中には違う種類の宇宙がボコボコ、まるで泡のように生まれ続ける」メカニズムを語るものだったのです。

けれども、「宇宙は一つ」だという思い込みがあると、これらの泡は「『我々の宇宙』の中に生まれる」としか考えられません。だから、「理論的には泡（別の宇宙）ができるのだとしても、この宇宙でいくら探しても泡なんて一つもねーじゃんか」みたいに、当のグースも思っていたわけです。

でも、間違っていたのは理論じゃなくて、「我々の宇宙」のアイデンティフィケーション（同定の仕方）のほうだったんですね。で、「なるほど、あの方程式はこういうことを言ってたんだ！」って話になってきたわけです。それにいち早く気づいたのは他ならぬグース自身で、彼はその後マルチバース理論を強力に推進し、その進展に大きく貢献しています。何を隠そう、彼は僕の共同研究者でもあります。

泡を生むほうの親宇宙ではなく、そこから生まれる泡の一つのほうが「我々の宇宙」なのだ、と考えれば、グースの理論は（超弦理論と一緒にすることにより）ワインバーグの理論が必要としていた設定をバッチリ実現します。超弦理論では、余剰次元の存在が無数の真空のエネルギーの値を取る宇宙の可能性を保証しているわけですから、泡の種類も無数なわけです。

つまり、超弦理論が示唆した「素粒子の質量とか性質とか真空のエネルギーなどが違う宇宙が山ほどある」という可能性を、グースの「インフレーション理論」が全部泡の形で実際に実現してくれて、しかもそれが永遠に続いていくのです。

だから、可能性がどれだけ低いとしてもいつかはその中から真空エネルギーが小さい宇宙が生まれることは自動的で、そして、十分小さくなったところにしか人間が生まれないのだからそこの真空のエネルギーは必ず小さくて、なおかつノンゼロだ、というのも必然なのです。

持て余していたパズルのピースが思いがけないところにピタッとハマっていくようなこの奇跡的な帰結は、僕も含め、多くのサイエンティストたちをおおいに興奮させました。

つまりマルチバース理論というのは、「宇宙は一つしかない」という思い込みさえなければ、理論物理学の世界で１９８０年代から存在していた理論だけで予言することが実は可能だったんだ、というわけなんですね。

第4講

無数に生まれる泡宇宙たち

現在の宇宙論のベースとなっているビッグバン理論

ここで一度マルチバースを離れて、我々の宇宙についてわかっていることをまとめてみましょう。そしてその後に、その話が前講までのマルチバースの話とどうつながっていくのかを見ることにします。

宇宙が膨張し続けているという事実から、その歴史を遡《さかのぼ》っていけば、初期の「我々の宇宙」というのは物質や放射などのエネルギーがもっとぎゅうぎゅうに詰まった高温高密度状態にあったのだと考えるのが自然です。

そんな高温高密度の状態から次第に膨張し、どんどん温度が下がっていく過程で原子核が合成され、そこから原子、銀河、星、生命体など、「我々の宇宙」に存在する構造が生まれて、そして現在に至る、とするのが「ビッグバン宇宙論」です。

このビッグバン宇宙論は非常に強力で、「我々の宇宙」が現在の姿になっていく様子を、「大体こんな感じ?」みたいなレベルではなく、定量的に予言することが可能です。また、少なくとも宇宙が生まれて0・1秒とか1秒後くらい以降のことはほぼすべて――その時代に始まった原子核合成のプロセスの結果もふくめて――実際に観測された事実とほぼ完璧に一致しています。さらには、それ以前の時代――例えば原子核合成より前の陽子・中性子・電子が飛び交う時代――などもビッグバン宇宙論によって極めて高い精度で記述されると考えられています。

このような理論と観測の精密な一致によりビッグバン宇宙論の基本的描像はまず間違いないと考えられており、そのおかげで宇宙論が精密科学として認められるようになったのです。実際、ビッグバン宇宙論の果たした役割は非常に大きく、現在の宇宙論の研究はそのほとんどがこのビッグバン理論がベースになっていると言えます。

ただ、このような「高温高密度状態」という形で、どこまで歴史を遡っていけるのかはよくわかっていません。温度が無限に高くなるわけはないので、どこかで限界があるはずなのですが、そこがよくわからないのです。
そして、そこがビッグバン宇宙に残された最後の謎だと言われていました。

夜空は今も初期宇宙の光で輝いている

さて、よく地球から星までの距離を表現するのに100光年とか1万光年などと言ったりしますが、1光年とは光が1年かけて進む距離のことを言います。つまり、100光年は光が100年かけて進む距離、1000光年は1000年かけて進む距離のことです。

重要なのは、光といえども一瞬で伝わるわけではないということです。秒速約30万キロメートルというとんでもない速さではありますが、有限です。そして、相対性理論によればこれは自然界に存在しうる最高速度です。つまり、光速より速く進む物質は存在しません。ちなみに、光のスピードで地球から月に行くのは約1・3秒、太陽まで行くには8分くらいかかります。

実は、この事実を使えば「過去を直接見る」ことができます。1万光年離れた星を望遠鏡で観測したときにそこに見える光というのは、1万年前にその星が放った光です。言い方を変えるなら、我々は望遠鏡を通してその星の1万年前の姿を見ている、ということなのです。

その理屈から言えば、さらに遠くを見ることで、高温高密度だった初期の「我々の宇宙」が放ってた光だって見えるんじゃないかと思いますよね。でも、夜空を見上げても、星々や銀河より遠くの背景がピカピカに光り輝くようなことはなく、星の向こうは黒い空が広がるだけです。

しかし、実は夜空の背景は実際に光り輝いているのです。それが我々の目に見えないのは、まさしく宇宙が膨張しているせいなんです。

宇宙が膨張しているということは、光を発する対象が我々からどんどん遠ざかっていることを意味します。つまり、我々からすると相手がどんどん遠ざかりながら光を出している、ということになります。

ところが光は波なので、遠ざかりながら発せられると、我々が受け取る光の波長が伸びてしまうんです。このような、発信者と受信者の相対的な速度によって波長が変化する現象を「ドップラー効果」と言います。

救急車が近づいてくるときは音が高くなり、遠ざかって行くときには低い音になるのを皆さんも経験的に知っていると思いますが、あれは典型的なドップラー効果の音バージョンです。音の場合は波長が短いときは高い音に聞こえ、長いと低い音に聞こえるので、そういう音の変化になるわけですね。

初期の宇宙の光の見え方もそれと同じで、本当は夜空は光り輝いているのだけど、その光を出している光源がどんどん遠ざかっているせいで、光の波長が赤外線よりさらに長い電波領域になっているんですよ。

だから実際、電波望遠鏡で見てやると、夜空はピカピカです。肉眼だと見えないだけで、夜空の背景には高温高密度で光り輝いていた初期宇宙の世界がちゃんと見えているのです。

ほぼ完璧に一様だった生後38万年後の宇宙の姿

このような初期の宇宙から届く電波のことを「宇宙背景放射」と言います。

また、ここで言う「初期の宇宙」というのは、だいたい38万歳くらいの宇宙のことです。それより前の宇宙は逆に密度が高すぎて、光がまっすぐに進むことができません。だから、そのような領域は、光（電波）で直接見ることはできません。

「38万歳って初期なのか？」って疑問に思うかもしれませんが、「我々の宇宙」の現年齢は138億歳ですから、40歳の人にとっての生後半日みたいなものです。だから、38万歳の宇宙なんて、生まれたての新生児のような宇宙なんですよ。

38万歳くらいの宇宙の温度はだいたい3000度ぐらいだったのですが、宇宙背景放射は、その頃の宇宙の様子を示すスナップ写真のようなものです。この宇宙背景放射はどの方向からも同じように地球に届いていることが確認されているのですが、その観測結果から、38万歳の宇宙というのは温度も密度も10万分の1程度しか揺らいでいない、ほぼ一様な世界だったことがわかっています。

第1講で、今の「我々の宇宙」も銀河や銀河団などの構造はあれど、それらを均して見れば「ほぼ一様」だという話をしましたが、ここでの一様はそういう「大雑把に見れば」という意味ではありません。本当に一様なのです。しかも10万分の1の精度で一様というのは、とてつもないレベルでの一様であり、それはもはや宇宙はどこもかしこも同じ温度や密度のスープのような状態だったとも言えます。

このスープの状態から、周りよりほんの少し密度の濃い領域は重力でものを引きつけてより濃くなっていき、それによってほんの少し密度の低い領域は逆により密度が低くなっていき、という形で現在の宇宙に見られる銀河や銀河団の構造ができてきたのです。

図5は、物理学者がよく描く「時空図」に、「どの方向からもほぼ同じように宇宙

図5　宇宙背景放射が我々に届く様子を示した時空図

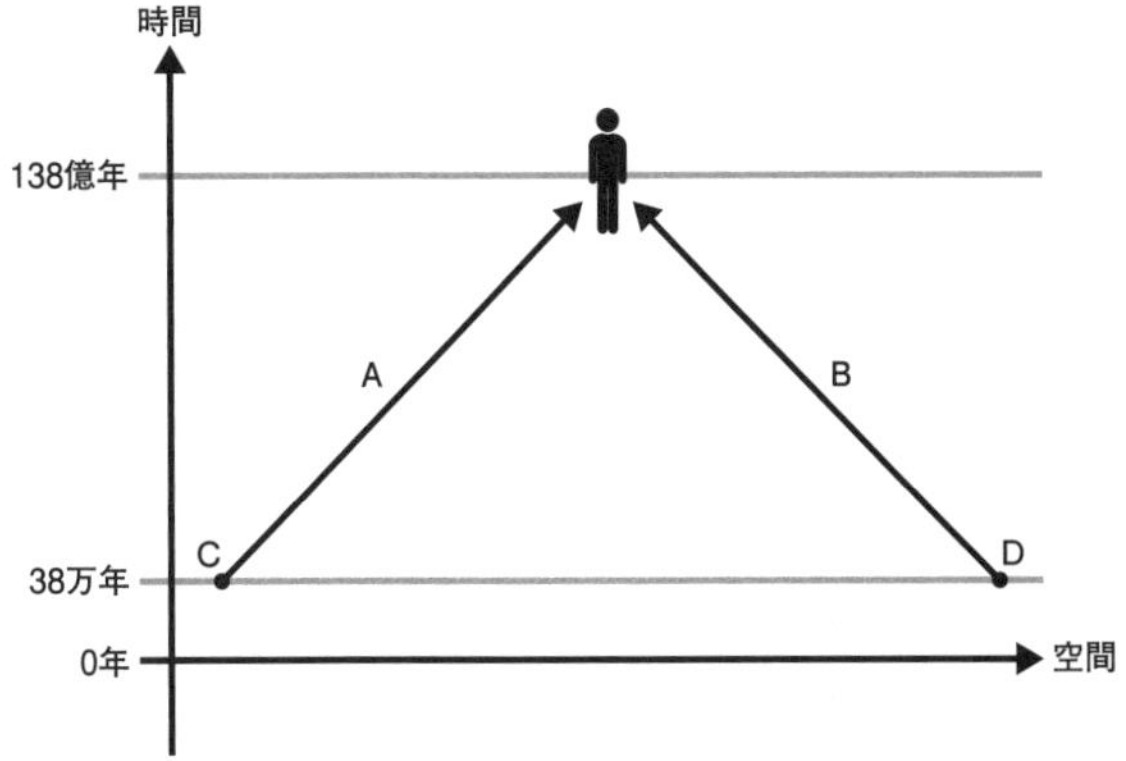

背景放射が我々に届いている」という観測事実を簡易的に示したものです。

宇宙誕生から138億年後の人間が光（電波）を観測するわけですが、時間が経つほど右に行く光がAで、時間が経つほど左にいく光がBですね。

もちろん実際の光は全天から届いているのですが、この時空図は空間方向を一次元的に描いている都合上、こういう描き方になっているのだと思ってください。

また、光の進む経路が45度になるように描いたのは、そういうルールで図を描く決まりだからです。こういう時空図を特に「ペンローズ図」というのですが、これは出来事の因果関係を考えるときにとても便利なんですよ。

このペンローズ図を読む上で大事なのは、「時空上のある一点で起こった出来事が影響を及ぼし得る領域は、その点の上方、左上45度と右上45度の間の領域に限られる」ということです。なぜなら、「何事が起こったとしても、あらゆるシグナルの速さが光速を超えることはない」からです。

別の言い方をすると、「この領域以外のことには、その時空上の1点で起こったことは何の影響も与えることはできない」ということです。

ビッグバン理論だけでは説明できない「地平線問題」

この視点でこのペンローズ図を見た場合、奇妙なことに気づきます。

もしビッグバン宇宙論が宇宙誕生の本当にその瞬間にまで成り立つのなら、「我々の宇宙」は誕生して以降、ひたすら温度が下がってきた、ということになります。ところが、そうだとするとちょっと変なことが起こるんです。

具体的には、図5のC点とD点がなぜ同じ温度になり得るのかがさっぱりわからないのです。

例えば、同じ部屋の温度って基本的にはほとんど一緒ですが、これは部屋の中で温度が高いところから低いところに熱が流れるといった現象が起こるからです。部屋の中の空気の相互作用のためにこの熱の流れという現象が起こり、温度の不均一さがだんだん均されて、結果としてどこも同じ温度になっていくのです。つまり、物理的に離れた場所の温度が同じになるには、通常なんらかの形の相互作用が必要なのです。ところが、宇宙が誕生直後からすでにビッグバンの状態にあったという前提でこのペンローズ図を読む限り、それはあり得ないんです。

その理由を次ページの図6で説明しましょう。

もし宇宙が実際にこのような歴史をたどったとすれば、宇宙誕生直後、たとえば図6のE点で起こった出来事は、宇宙が38万歳の時点で、C点からF点までの間にしか

図6　C点とD点は同じ温度になり得ない

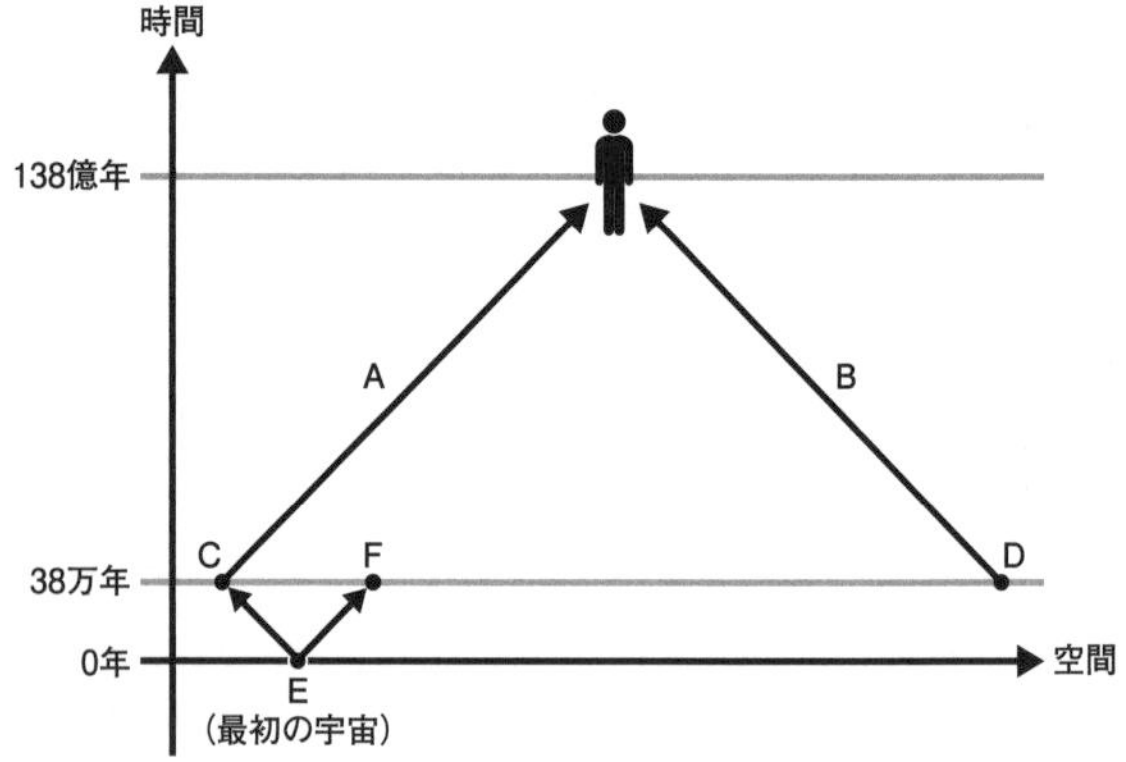

影響を及ぼすことができません。E点から放たれた光が左方向に進んで38万年後にC点まで達したとしても、右方向に進む光が到達できるのは最大でもF点までです。どんなものであっても光速より速くは進めない以上、進めるのはE点の左上45度と右上45度の間の領域だけなのです。

そうなると、同じE点から出発して38万歳の時点で相互作用できる、つまり、同じ温度になれる範囲はC点からF点の間だけということになります。E点が空間のどの位置にあったとしても、38万歳時点でのC点とD点はあまりに遠すぎて一切コミュニケートできません。相互作用したくても物理的にできないのです。

先ほども部屋の空気の例で説明しましたが、物理学だとものの条件が同じになるというのは、通常それらの間に相互作用があったからというくらいしか考えられません。つまり、同じ温度として観測されているのなら、相互作用が起こっているはずなのです。

でも、ビッグバンの宇宙モデルが宇宙の始まりまで正しいとすると、Cさんの家のリビングルームと、まったく何のつながりもないDさんの家のリビングルームの温度が、10万分の1の精度でぴたりと一致している、みたいなことになってしまうんですよ。

「地平線問題」とか「ホライズン問題」などと呼ばれるこの問題は、ビッグバン宇宙論だけでは説明できない、重大な謎なんです。

説明できないもう一つの謎
「宇宙平坦すぎる問題」

実は、まだ他にも「変なこと」はあります。

それは、空間の「曲率」の問題です。

空間の曲率とは何でしょうか。「三角形の内角の和はいくつですか？」と聞かれたら、皆さんはきっと180度だと即答するでしょう。小学校でも習いますしね。

ところが、これが正しいのは特別な空間の場合だけなのです。

このことを理解するために、3次元に埋め込まれた2次元空間を考えてみましょう。

また、念のために「三角形」の定義もはっきりさせておくと、三角形とは、空間上にランダムに取った3点をそれぞれ最短の距離で結んだもののことです。

さて、球面のような2次元空間上に描かれた三角形の内角の和はいくつになるでし

図7　正の曲率と負の曲率

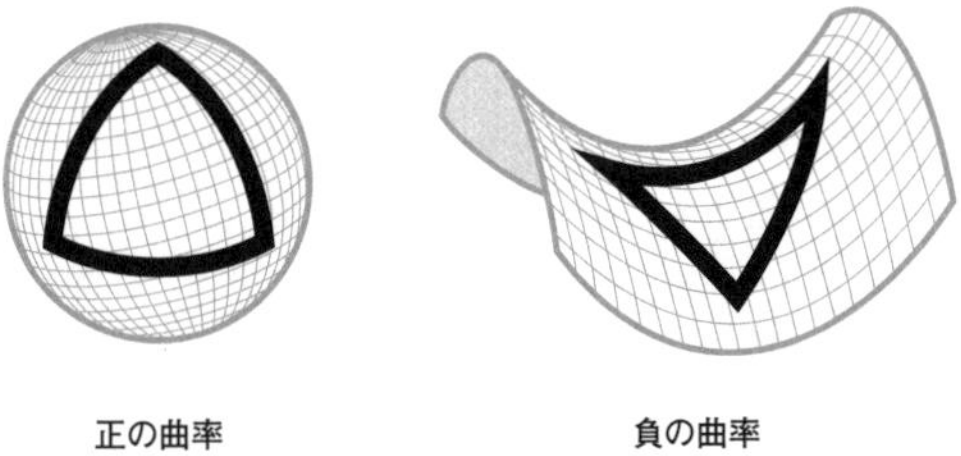

ょうか？
それを図7の左側に示します。
この三角形は、なんだかちょっと太っていますよね。この三角形の内角の和が180度より大きくなるのは、図からも明らかだと思います。
反対に内角の和が180度より小さくなるような空間を考えることもできます。これは図7の右側に示してあります。

ここでは、2次元の空間を3次元に埋め込むことでビジュアル化しましたが、本当はこの埋め込みは本質ではありません。なぜなら空間の曲率という概念は埋め込みとはまったく関係なく、空間自身の性質として定義できるからです。すなわち、ただの2次元空間でも、3点を最短の距離で結んだ三角形の内角の和が180度より大きくなる空間（正の曲率を持った空間と言います）や、小さくなる空間（負の曲率を持った空間と言います）を、3次元へ埋め込むことなく考えることができるのです。

同様に、我々の住む3次元空間も、3点を最短の距離で結んだ三角形の内角の和が180度になる保証は、一般にはありません。そうなるのは、我々の空間の曲率がゼロであった場合だけです。

実際、私たちの住む空間は、地球や太陽系、銀河系などのスケールでは曲率はほぼゼロです。だから、小学校でも三角形の内角の和は180度だと習うのです。

しかし、私たちの身の回りで曲率がほぼゼロに見えるのは、それが単に宇宙の大きさにくらべてとても小さいからにすぎないからかもしれません。

たとえば球面のうえでも球の半径にくらべてはるかに小さい三角形を描けば、その三角形の内角の和は、ほぼ180度に見えます。これは地球の表面、すなわち地表に三角形を描いてみたことを考えれば明らかでしょう。

しかし、我々の宇宙を見ると、どうも宇宙サイズの三角形の内角の和も１８０度に近いようなのです。つまり、我々の宇宙の曲率は、ゼロか極めてゼロに近いのです。

実はこれは、大変不思議なことです。

もし我々の宇宙が誕生の瞬間からビッグバンのモデルに従っていたとすると、空間が平坦じゃなきゃいけないなんていう必要は一切ありません。逆に言うと、空間が平坦である理由をビッグバン宇宙論ではまったく説明できないのです。

それどころか、この「宇宙平坦すぎる問題」に関しては、ビッグバン宇宙論はむしろ非常に分が悪いと言わざるを得ません。

なぜなら、ビッグバン以降の「我々の宇宙」の膨張の歴史を方程式に従って追っていくと、曲率の効果――つまり宇宙に描いた大三角形の内角の和の１８０度からのズレ――は時間とともにより顕著になっていくことが示せるからです。

つまり、誕生から１３８億年もたった今でさえここまで平坦なのだとしたら、もっと昔の宇宙はそれこそもうスーパー超平らだったはずなのです。そうなるべき理由は、何もなかったにもかかわらずです。

この宇宙が極めて平らだという事実も、ビッグバン宇宙論では説明することができないのです。

改良された「インフレーション理論」が謎を解く鍵になった

繰り返しますが、ビッグバン宇宙論というものが、「我々の宇宙」の姿を知る上で非常に大きな役割を果たす素晴らしい理論であることにもちろん疑いはありません。ただしそうは言っても完全ではなく、実はたくさんの謎や矛盾も抱えているのです。

その中でも、特に重大なのがここまで話してきた「地平線問題」と「宇宙平坦すぎる問題」なのですが、この問題を解くアイデアとして提唱されたのが、第3講でお話ししたアラン・グースの「インフレーション理論」なんです。

グースのアイデアは、「初期の宇宙は、どんどん温度が高くなるようにただ遡っていくのではなくて、まったく違うフェーズがあったんだ」というもので、そのフェーズこそが、「インフレーション」、つまり「場のポテンシャルエネルギー」と呼ばれる、真空のエネルギーに似たものによって生じた超加速的な急膨張」でしたよね。

ただし、彼が提案したバージョンの「インフレーション」は「永久インフレーション」という現象を引き起こすので、そのままでは「我々の宇宙の初期の謎を解くモデル」にはなれなかったことはすでにお話ししたとおりです。グース・バージョンの「インフレーション」は、それを親宇宙で起こったものとすることで、マルチバースの生成に決定的な役割を果たすことになるわけですが、それはあくまでも結果であって、本来の目的、つまり「ビッグバン宇宙論の矛盾を解く」には不十分だったのです。

実際にその矛盾を解く鍵となったのは、グースが考えたのとはちょっと違う、のちに「改良された」メカニズムで起こる別のインフレーションのアイデアです。

「スローロールインフレーション」と呼ばれるこちらのインフレーションは、泡を生成することなく終わりがきます。そして、我々の宇宙においては、この「スローロールインフレーション」を引き起こしていたエネルギーがその終了とともに熱エネルギーに転換され、その膨大な熱エネルギーが本講で見てきた高温高密度のビッグバン宇宙の始まりとなるのです。

もちろん通常のビッグバン宇宙でも宇宙は膨張し続けるので、時間が長く、例えば100億年ぐらい経てば、宇宙はそれなりには大きくなります。

それなのに、なぜわざわざ「インフレーション」というフェーズを持たせようとするのかと言うと、「インフレーション」が意味する超加速的な広がり方というのは、それとはまったく桁違いのものだからなんですよ。

数学的な表現だと「指数関数的」ということになるのですが、とにかくもう、むちゃくちゃなんです。

具体的に言うと、0・0000000000000000000000000000001秒みたいな小数点以下に0が30個とかついた最後に1がつく「秒」の間に、これまた、0・00000000000001mみたく小数点以下に0が14個とかついた最後に1がつく「m」の原子核と同じくらいの大きさの領域が、一気に今の

「我々の宇宙」の観測可能な全サイズまで広がるくらいの、まさにもうクレイジーレベルの広がり方なんですよ。

今さらの話ですが、宇宙の話をするときって、0・0000000000000000000000000001みたいに、やたらと0を並べる羽目になるんですが、それって要するに、それだけ人間の自然な単位と、宇宙の自然な単位がかけ離れているってことなんですよね。「秒」とか「m」とか、完全に人間の感覚で決めちゃっているので（当たり前ですが）、こういうことになっちゃうんです。もちろん、そのために10^{30}とか10^{-30}とかって書き方があるんですが、そう書いちゃうと、なんかスッキリしすぎて「ふーん」くらいの感じになっちゃいそうなので、そのスケール感を伝えるために、あえてこういう書き方をしていることをご了承ください。

「我々の宇宙」が一様で平坦すぎるのは宇宙のごく一部の領域だから

さて、宇宙の初期にインフレーションが起こったとすると、一様性や平坦性の議論は、宇宙が誕生時からビッグバン状態にあったとするときとはまったく変わってきます。

これは対応するペンローズ図が変わってくるということでもあるのですが、「正しい」ペンローズ図に関してはのちに我々の宇宙がマルチバースにどう埋め込まれるかを議論するときに戻ってくることにして、ここでは直感的に、なぜ宇宙初期のインフレーション（正確にはスローロールインフレーション）が、「地平線問題」と「宇宙平坦すぎる問題」を解決するのかを説明しようと思います。

まず「地平線問題」ですが、これはなぜ宇宙誕生以来、お互いに相互作用できなかったはずの2つの地点の温度（や密度）がこんなにも精度良くそろっているのかという問題でした。

インフレーション理論のこれに対する回答は、「実は2つの地点は相互作用していた」というものです。

インフレーション理論によれば、ビッグバンが始まる前、つまり宇宙が高温高密度になって通常の膨張を始める前に、空間がクレイジーなレベルで膨張しました。この膨張はあまりにも急激であったため、インフレーションが始まる前の一点はインフレーション終了時にはかなり大きな領域に広がっていたと考えられます。

つまり、ビッグバン宇宙が始まる段階で、すでに図6（P．120）の水平方向に大きく離れた2点はコンタクト済みだったということです。これは図6がインフレーション後のビッグバン宇宙を表すとすると、E点が点ではなく、空間軸（横軸）の端から端まで広がっているような感じだと言うこともできます。

そうなるとすでに「コンタクト済み」のものがC点とD点にいくので、この2点が同じ温度になったとしてもまったく不思議ではなくなります。

図8　「我々の宇宙」はピカソの絵のごく一部

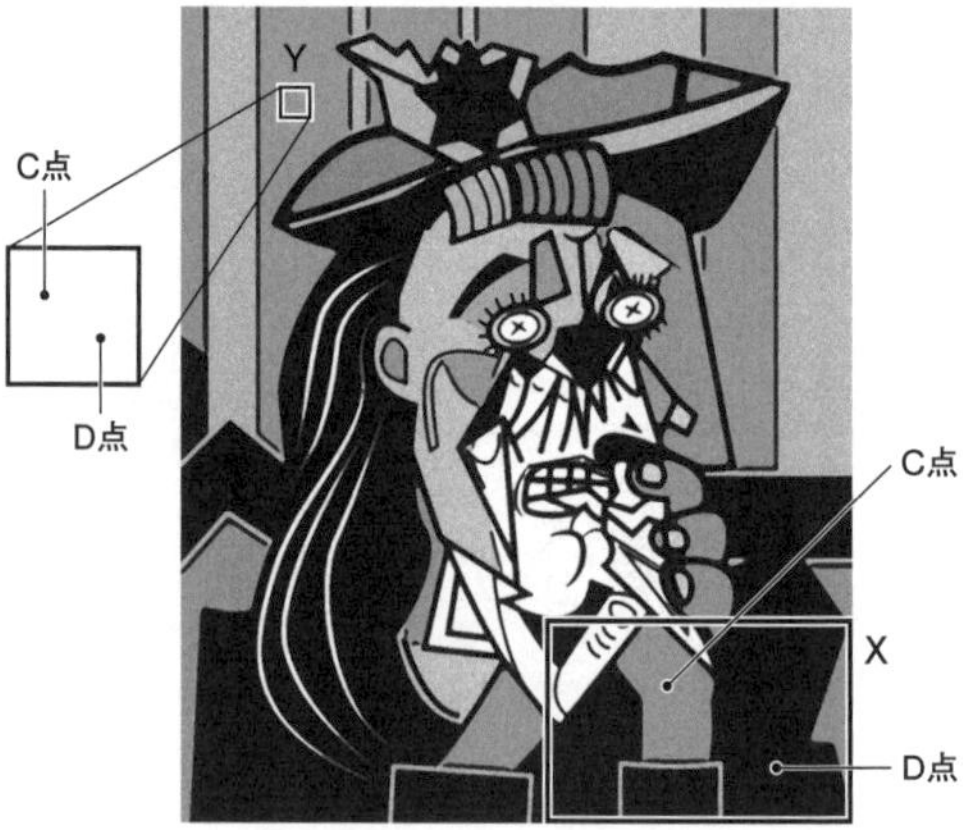

言い方を変えると、我々が普通に見ていた領域、つまり「我々の宇宙」の現在観測可能な領域というのは、インフレーション時代やそれ以前の宇宙の中のものすごくちっちゃい極微の部分にすぎなかったということです。

例えば、図8はピカソの名作「泣く女」を模式的に再現したものですが、ピカソの絵って全体的に見ると、場所によって色がいろいろ違いますよね？

もし私たちの現在見ている全宇宙が、この絵の例えば10分の1の領域（X）だったとしたら、そりゃあ別のところは別の色、すなわちC点とD点の温度は違うのが自然、だと思いますよね。

でも私たちの現在見ている全宇宙が、実はこの絵の1㎜四方の部分（Y）だったとしたら、そこが全部同じ色なのは自然です。すなわち、C点とD点が同じ温度なのも自然だということになります。

つまり、我々が見ている宇宙っていうのは、ピカソの絵の全部じゃなくて、ある部分、例えば赤い部分の、しかもごく一部だったというわけなんです。

そして、我々が見ている宇宙が宇宙のごく小さい領域だとすると、もう一つの「宇宙平坦すぎる問題」も一気に解消します。

なぜなら、たとえ宇宙全体が曲がっていたとしても、そのほんの一部だけを見れば曲がっているようには見えないからです。

これは、我々が地球が球状であることを日常的に感じることがないのと同じです。私たちは地球全体のごくごく一部で生活しているので、厳密にはわずかな曲率があるにもかかわらず、あたかも地表がまったく平坦であるかのように感じるのです。

38万歳の宇宙があくまでも「ほぼ」一様でなくてはいけない理由

先ほどから、「38万歳くらいの宇宙は、温度も密度も10万分の1の精度で一致するほぼ一様な世界が広がっていた」という話をしてきました。

温度や密度のズレのことを「揺らぎ」と言いますが、10万分の1程度の密度の揺らぎしかないというのは相当見事なレベルでの一様さです。

例えば、ポタージュスープをどれだけかき混ぜたって、どこかにちょっとだけダマができるはずです。ちゃんと実験したわけじゃないから正確なことはわからないですけど、高級レストランのスキルを持ってしても、100分の1くらいは揺らぐのではないでしょうか。

部屋の空気だって、上のほうと下のほうとでは温度も違いますから、1000分の

1ぐらいの揺らぎは簡単に生まれます。

それからすると、10万分の1程度の揺らぎしかないというのは、ほぼ完璧に一様だと考えていいでしょう。

そんなふうに言いながら、意地でも「ほぼ」という表現にこだわるのには、実は理由があります。

たとえそれが10万分の1という、あってないようなレベルだとしても、揺らぎがゼロではない以上、ほんのちょっとだけ密度が大きいところと、逆にほんのちょっとだけ密度の小さいところが、必ず存在することになります。

そしてほんのちょっとの違いだとしても密度の違いがある以上、密度が高いところには重力によって周りより多くの物質が引きつけられ、それに従い、ちょっとだけ密度が低いところからは物質が吸い取られていきます。

そうして密度の濃いところはより濃くなり、薄いところはより薄くなるわけですよね。

だから最初はほんの少しの差だったとしても、時間とともにその差が増幅され、全体のムラも増幅します。

それが長い時間をかけて積み重なった結果が、銀河団であり、銀河であり、太陽であり、地球であり、そして我々人間でもあるという話はさっきもちょっとしましたね。

実際、この過程はコンピューターでシミュレーションすることができ、初期宇宙にあった10万分の1程度の密度の「揺らぎ」をコンピューターにインプットしてやれば、ちょっとだけ密度が高いところがちょっとずつ物を吸い取ることで揺らぎが増幅され、やがて銀河団ができて、さらに銀河ができて……というところから現在の宇宙の姿になるまでを、ほぼ完全に再現することができます。

しかし、これは逆に言うと、もし38万歳の時点で宇宙が本当に完璧に一様だったら、現在の我々の宇宙に存在する構造は何もできあがることはなかったということです。

だとすれば、なんで完璧に一様ではなかったのか、という疑問がわきます。

しかもインフレーション理論は38万歳の時点での宇宙の一様性を説明するために提案された理論なので、これは宇宙に構造が存在することと矛盾しているように思うかもしれません。

ところが、これには大きな見落としがあって、実はこの揺らぎの存在さえもインフレーション理論からすると必然なんです。

インフレーションの急膨張は、「クレイジーレベルの広がり方」だという話をしましたが、逆に言うと、そんなクレイジーレベルに広がる前の領域は極微の世界なので、量子力学の効果が非常に重要になります。

第1講でも話したように、量子は「ぼわわわーん」と存在するものなので、何をどうやっても「揺らぐ」ことが避けられません。だから、インフレーションを引き起こす「場のポテンシャルエネルギー」の値にも確率的な広がりを与え、さらにインフレーションの終了とともに場のエネルギーが熱エネルギーに変換される際には、温度や密度の揺らぎへと変換されます。そしてこの揺らぎが、38万歳の宇宙の揺らぎへとつながっているのです。

つまり、38万歳の宇宙が完全に一様になれなかったのは、インフレーション期における量子力学的効果のせい、というわけです。私たちの周りにある銀河も、星も、そして私たち自身も、極微の世界の量子力学的な揺らぎが、宇宙の初期に起きたインフレーションによって引き延ばされてできたというわけなんです！

中から見ると無限だが、外から見ると有限な「我々の宇宙」

さて、ここまで我々の宇宙の歴史を少し詳しく見てきましたが、これと第3講までのマルチバースとの関係はどうなっているのでしょうか？

実は、第3講でも紹介したように「親宇宙の中に、別の種類の宇宙がボコボコ、まるで泡のように生まれる」という描像において、これらの泡の一つが「我々の宇宙」全体なのだとして捉えると、我々の宇宙って実は図5（P．117）のような構造にはなっていないのです。

光の軌跡を45度に描くというルールで「我々の宇宙」を描いたときには、我々の宇宙というのは、本当は図9のようになっています。

図9　親宇宙から見ると泡宇宙は時間とともに大きくなる

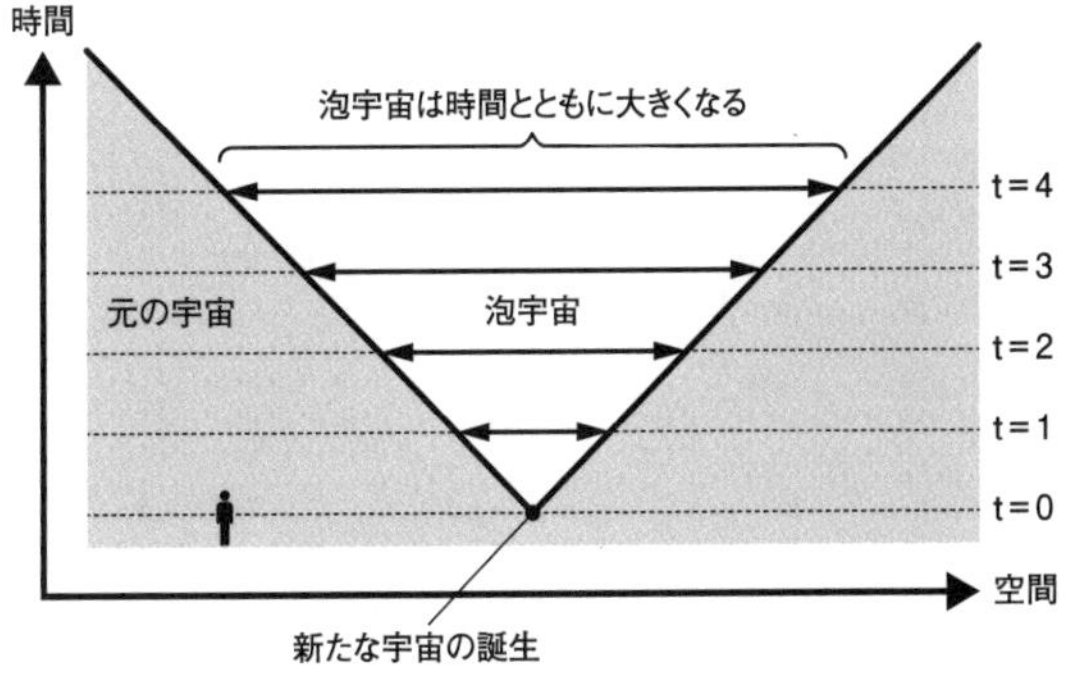

もちろん、ここまで見てきたように、宇宙は空間的に一様で時間的には変化しているのだから、一見すると図5が正しいように思うのですが、それって地球が一見真っ平らに見えるっていうのと同じで、実は正しくないのです。

では、図9に示された、泡の一つである「我々の宇宙」を、もう少し丁寧に考えてみましょう。

この図は、水平方向の線を同時刻の線として、縦方向に（上に）行くほど時間が経つというように描かれています。

これはまさしく親宇宙から見た「我々

の宇宙」が小さな泡として生まれて大きくなっていく様子を表しています。

具体的には、「我々の宇宙が生まれた」時刻が図中のt＝0のラインです。そして、時刻t＝1の「我々の宇宙」のサイズは、図9の逆三角形の内部に描かれた一番下の双頭の矢印の長さで与えられます。時刻t＝2にはそれに対応する領域が少し大きくなって、さらに次の時刻t＝3にはもっと大きくなって、また次の時刻にはもっともっと大きくなって……ってそんな感じになっています。

この図を見れば、時間が経つにつれて、「我々の宇宙」のサイズがどんどん大きくなっていくのがわかるかと思います。

しかし観測的には、今まで見てきたように、「我々の宇宙」は一様、つまりどこまで行ってもほぼ同じであるように見えます。だから、本当の時空図は図9ではなくて、図5のようなものだと思うかもしれません。そこでは、水平に引かれた空間軸を左右どこまでも無限に広げることができるからです。

しかし、正しい時空図は図9であって、図5ではありません。

実は、図9を正しく解釈すれば、「『我々の宇宙』は親宇宙の中に小さな泡のように生まれ、その泡は時間が経つにつれて大きくなっていく」ということで述べた描像と、「泡の中に住んでいる観測者、つまり私たちから見た宇宙は一様、つまりどこまでいってても同じような構造が繰り返される無限の大きさを持っている」という描像はまったく矛盾しないのです。

中から見たら無限なのに、外から見たら有限だなんて、そんなことはあり得ない！と思うかもしれません。

でも、実はこの二つはちゃんと両立するんです。

動いている人と止まっている人では時間の進み方が違う

このことを理解するには、ある概念の変更が必要です。

このような「概念の変更」というのは、自然科学の歴史で何度も起こってきました。

例えば「地球が丸い」という事実も、最初は多くの人が受け入れることができませんでした。まあ、一つには、どう見たって世の中平らじゃんっていうのもあったんでしょうけど、それ以上の壁となったのは、「下」という概念です。

「もしも本当に地球が丸いとしたら、地球の反対側のやつはどうするんだ？　下に落っこちちゃうじゃないか？」って、みんなそういうふうに思ったんですよ。それは自然な感覚ではあるんですが、そういうふうに考えたのは、上とか下っていうのが絶対的なものだと思い込んでいたからです。

でも本当は、「下」というのは、ニュートンの万有引力によって地球とその「もの」が引き合ってることで生じる二次的な概念ですよね。

つまり、自分にとっての「下」と、地球の反対側の人にとっての「下」はまったく反対なんだ、「下」っていうのは絶対的なものではなくて、あくまでも相対的なものなんだっていうふうに、自分の中にある概念を変更しなければ、「地球が丸い」という事実は受け入れられないのです。

「『我々の宇宙』は外から見ると有限だけど、中から見ると無限だ問題」もそれと同じようなものです。

そして、ここで変更が必要なのは、「時間」の概念なんですね。時間というのは絶対的なものではなく、観測者によって進み方が異なる相対的なものなのです。これは、アインシュタインが特殊相対性理論で初めて明らかにした概念です。

例をあげて説明しましょう。

相対性理論によれば、光の速さは誰から見ても一定です。これ自体、とんでもない主張で、アインシュタインがこの結論に至る歴史を説明するだけでも面白い講義が一つできてしまうぐらいなのですが、それを話しだすとページが足りなくなってしまうので、ここではそういうものだと思ってください。

さて、いま高さ1mの電車が（地表に対して）光速に近いスピードで走っていたと仮定しましょう（図10）。

そしてこの電車の中で、光を床からピッと発し、それを天井で反射させて、再び床まで戻ってくるまでの時間を測ったとします。

図10　観測者によって時間の進み方は異なる

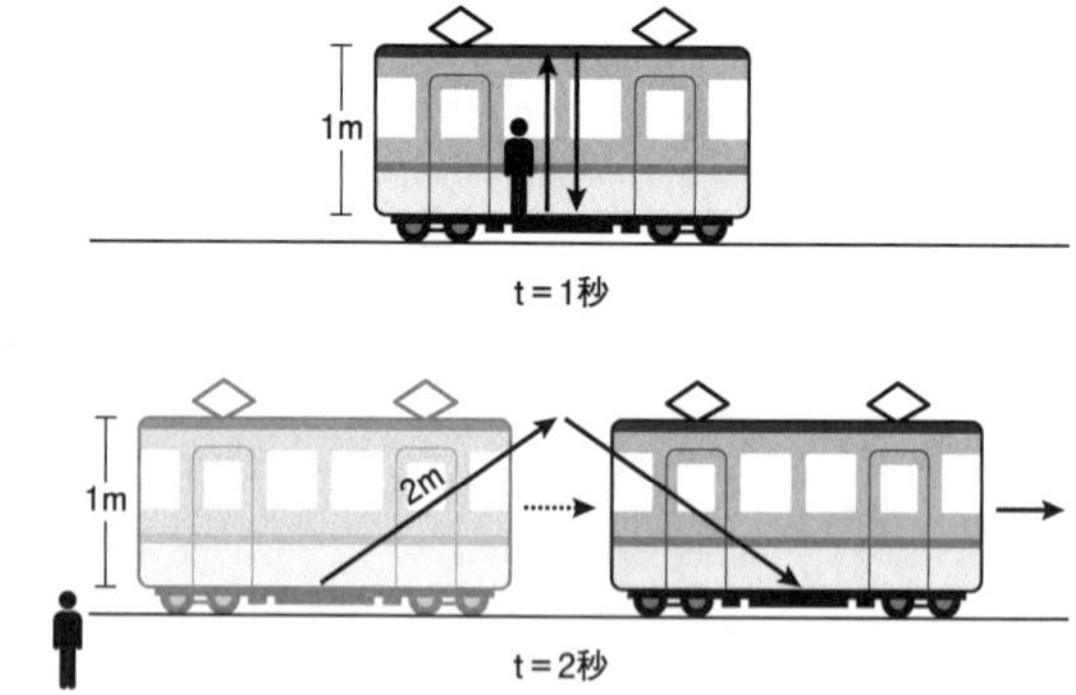

話を簡単にするために、光の速度を2m／秒だとすれば、1m行って1m戻ってくるので（図10の上の図）、かかる時間は1秒ということになります。だから、電車の中でこの実験をすれば、答えは1秒なんですね。電車の中にいる人は、電車と等速で動いているので、電車が動いているかどうかは関係ありません。

ところが、同じ実験を電車の外にいる人から見ると、光の動きは図10の下の図のようになります。

電車が動いている分、光は電車の進行方向の斜め上方向に向かって天井に達したあと、斜め下方向に戻ってくるように見えますよね。この距離は明らかに電車の高さである1mの2倍より長くなるはずです。例えばその距離が2m+2m=4mだったとすれば、光が発射されてから戻ってくるまでにかかる時間は2秒ということになります。

つまり、床から発した光が天井で反射してまた床に戻ってくる、というまったく同じ出来事にかかる時間が、電車内の人にとっては1秒なのに、地表の人にとっては2秒なのです。

これは、単にそう感じるだけというのではありません。本当に時間の進み方が違うのです。動いているものの中にいる人は、止まっている人よりも時間の進み方が遅いんですよ。

なぜこんなことが起こるのかというと、光の速さが誰から見ても一定だからです。速度が一定である以上、時間の進み方のほうが観測者に合わせて変わらなければ、矛盾が生じてしまうんですね。

もちろんこれは、電車のスピードが光速に近いほど速いと仮定したからこんなに効果が大きくなっているだけで、実際の電車は光に比べるとはるかに遅いわけですから、外の人から見たとしても光の軌道は１・０００００１m行って、１・０００００１m戻ってくる、みたいなレベルのズレでしょう。だから、厳密には時間がのびていたとしても、気づくことはまずありません。

つまり、誰にとっても同じように時間が進んでいるように感じるのは、お互いに動いてる速度が光に比べてはるかに遅いからなんです。だって1秒間に30万キロ（およそ地球7周半分）ものスピードで動くものなんて滅多にお目にかかりませんからね。

実感する機会がないぶん、なかなか理解できないでしょうが、時間が相対的なものであることは、物理学を真面目にやっている人間にとってはもはや当たり前です。

ここでは、アインシュタインが１９０５年に定式化した特殊相対性理論を使って時間の相対性を説明しましたが、彼はこの理論の発表から約10年後に、それをさらに重力も含むよう拡張した一般相対性理論を発表します。

宇宙論をやるときに必要なのは、この一般相対性理論のほうなのですが、そこでは時間はさらに「相対的」になります。たとえば、地球の表面（地表）と上空では時間の進み方が少しだけ違うこともわかります。

このような変な理論はもの好きな人たちがやるものだなんて思うかもしれませんが、実はこのレベルのことはすでにテクノロジーにも取り入れられています。例えばGPSにはこの一般相対性理論による時間の補正が入っています。だからこそ、あんな精度でナビゲーションをすることができるんです。

もちろん100年前のような生活をするのなら別に必要ないかもしれませんが、少なくとも現代の生活をする上では、このような普通の人から見るとちょっと嘘みたいな理論が欠かせないものになっているのです。

「我々の宇宙」の中と外では時間の概念が異なる

時間に関する概念の変更を実感していただいたところで、元の話に戻りましょう。

泡の外にいる人にとっての時間は、すでに見たように図9（P．139）のように

図11　泡宇宙の中の人にとって宇宙の大きさは無限

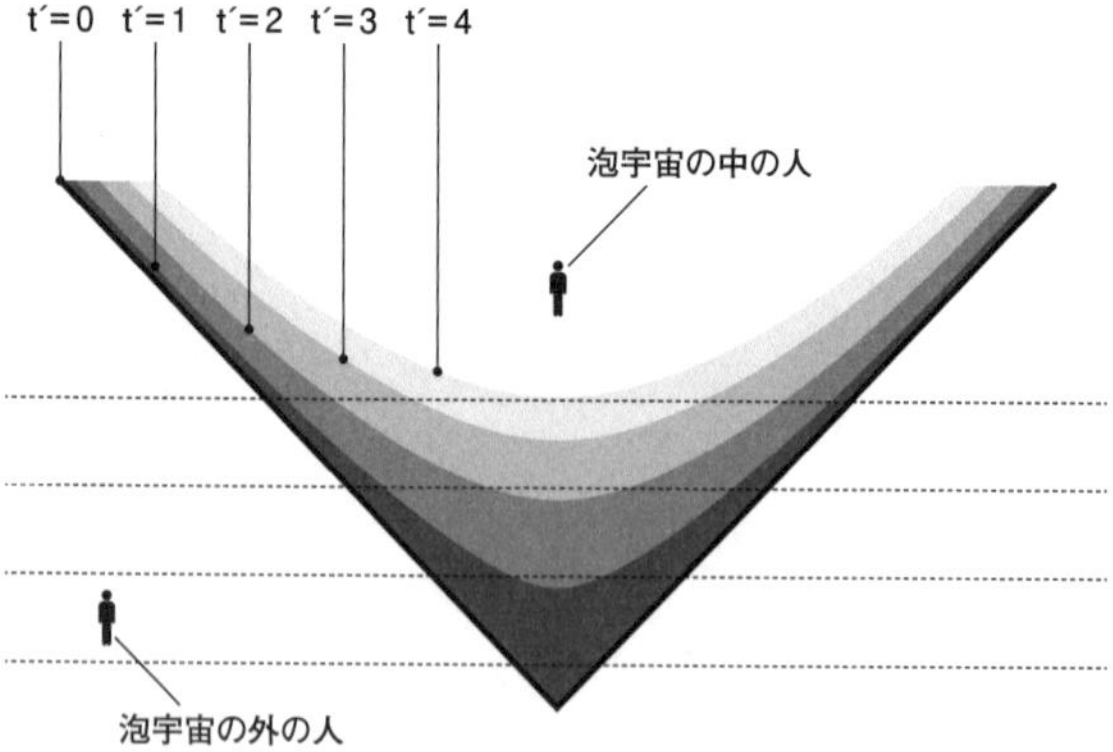

示すことができます。じゃあ、泡の中にいる人にとっての時間はどうなるのか。

それを示したのが、図11です。

この図には、「泡宇宙の中の人から見たときの同時刻」に対応する線が描き込んであります。t’＝0が宇宙が誕生した瞬間であり、時間が経過していくにつれt’＝1、2、……となっていきます。これを見ると、中にいる人にとっての宇宙は最初から無限であるのがよくわかるのではないでしょうか。

だから我々から見て宇宙が一様だというのは、密度や温度がt’＝1とかt’＝2とかの線に沿ってほぼ同じだということなのです。

たとえば時刻t'＝1のときにスローロールインフレーションが終わり、時刻t'＝2のときの温度が1億度であって、などということです。そして、我々にとっての時刻t'＝2のときの空間方向はt'＝2の線に沿った方向なので、その線上で温度が一定であるということは、その時刻の宇宙は一様であるということになります。そしてこれは後の時間でも同じで、たとえばt'＝3の線上の温度が1000度であれば、その時刻の宇宙はどこもかしこも1000度だということになります。

でも、図9のような時間を使う外の人からはそうは見えません。だから、「オレらの宇宙は、無限にデカいぜ、イエイ」みたいに言う中の人に対して、外の人はたぶんこんなふうに言うでしょう。

「いやいや、あなたの宇宙には果てがありますよ。ほら、時刻1のときはここに壁があって、時刻2のときはここに壁があるじゃないですか。時間とともに、その有限のサイズが大きくなってるだけなんですよ」

でも、これはどっちも正しいんです。

中にいる人と外にいる人の時間の認識の違いがこのような認識の違いになっているだけで、どちらも等しく事実なのです。

親宇宙に行けないのは「我々の宇宙」よりも過去にあるから

泡のうちの一つが我々の宇宙だとすれば、第3講でも見たように、泡の外側には別の泡もたくさん生まれていることになります。

これをペンローズ図として描いたのが、図12です。

生まれたかと思ったら（負の大きな真空のエネルギーを持っていたりして）つぶれてしまったりする宇宙もあるなかで、ひょんなことで長生きできる宇宙も生まれ、そのような宇宙ごとに素粒子の種類とか質量とか真空のエネルギー密度が全然違って、でもほとんどのところは真空のエネルギーが巨大だから何も生まれず、でもたまたま

図12　我々の宇宙は無数にある「宇宙たち」の一つにすぎない

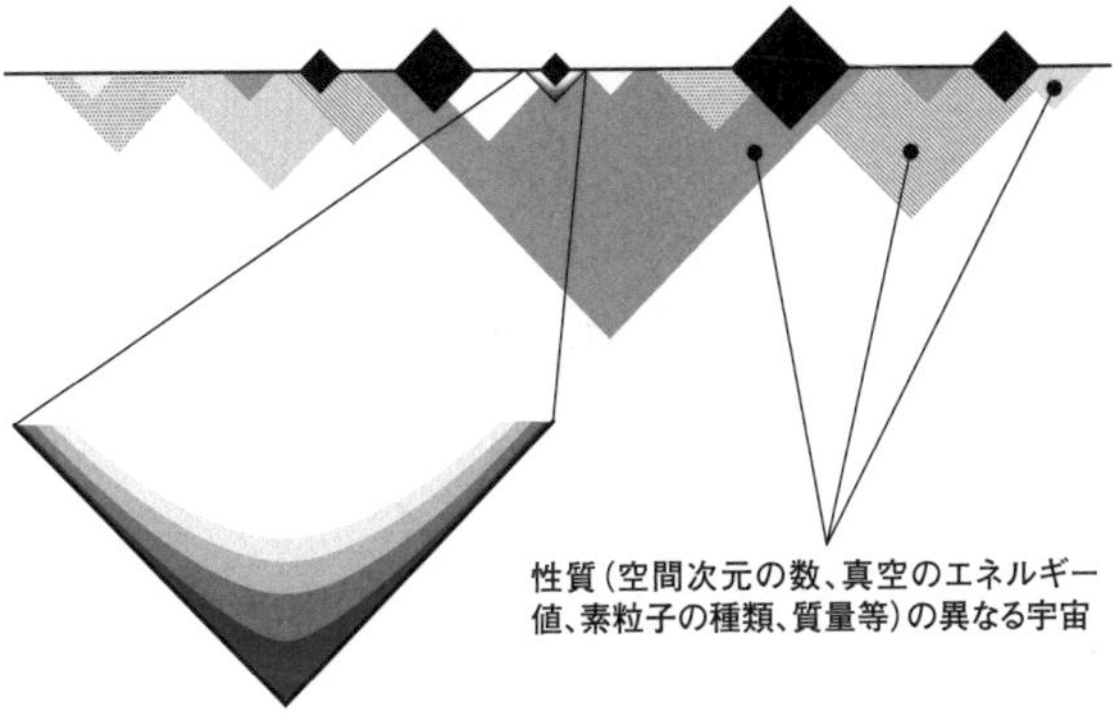

「我々の宇宙」のような超恵まれた条件のところにだけ人間みたいな知的生命体が生まれ、その人たちが観測すると「うわ、オレら超ラッキー！」みたいなことになる――。

そんなストーリーも、このペンローズ図から見えてきますよね。

もう一つ、ペンローズ図を見て一発でわかるのは、我々は親宇宙には絶対に行けないということです。それをわかりやすく示したのが次ページ図13です。

「別に泡の壁を超えて行けばいいじゃん！」って思うかもしれませんが、残念

図13　我々は親宇宙には絶対に行けない

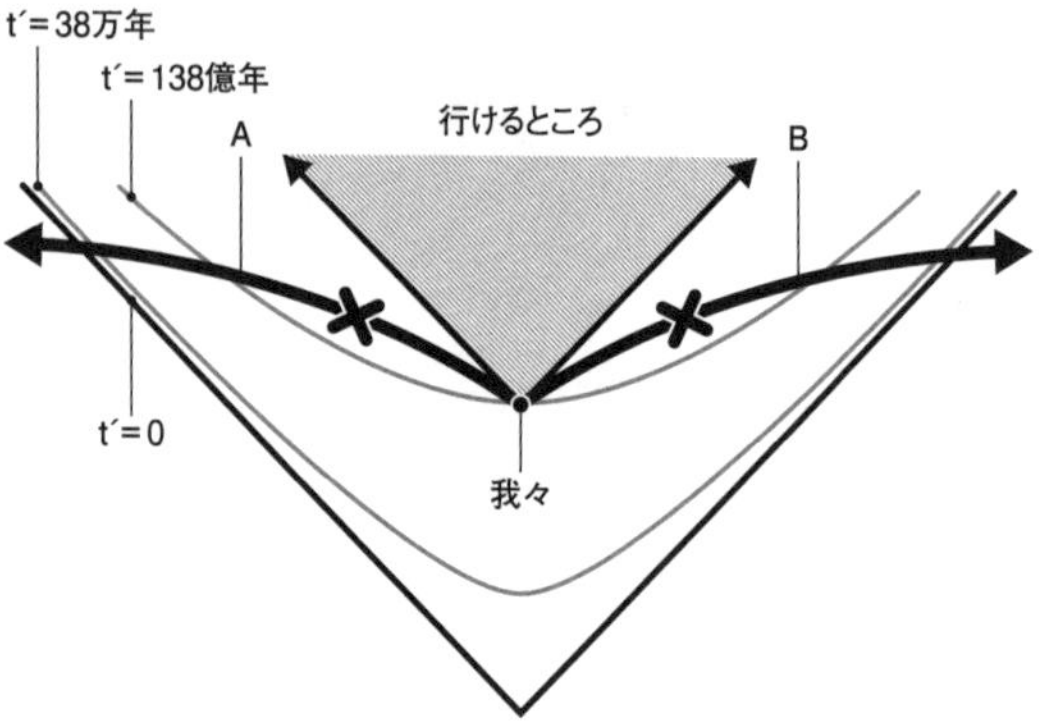

ながらそれは無理です。

ペンローズ図は、光の軌跡を45度で描いていると言いましたよね。そして何物も光より速く進むことができない以上、我々の行ける時空の範囲は図13の灰色部分だけです。矢印ＡとかＢとかの角度には絶対に進めません。

それは技術的な問題などではなく、原理的に不可能なんですよ。

でも、これはある意味当たり前です。だって、我々からすると親宇宙というのは、時刻t′＝0の前、つまり、そこは過去なんですからね。

そして、この図を見れば、宇宙に対す

る多くの問いが、実は観測者に依存する相対的なものであることもわかるのではないでしょうか。

例えば、「宇宙の外には何があるのか」とか「宇宙が始まる前には何かあったんですか?」っていう質問ってよくありますよね。

でも、それらの問いは「誰から見て」と指定しなければ、意味がないんです。

例えば、このペンローズ図の親宇宙の領域のことを指して「ここに何がありますか?」ってことを言おうとした場合、泡の外にいる人は「宇宙の外側には何がありますか?」と聞くでしょう。でも、泡の内側にいる我々からすると、そこは時刻t'＝0より前なのだから「宇宙が始まる前には何があったのですか?」と聞くでしょう。

つまり、時空のどこどこに何がありますかっていう同じ問いが、泡の外の人からすると「宇宙の外には何があるか」という問いになり、泡の中にいる人にとっては「宇宙が始まる前には何があったか」っていう問いになるんです。

だから、例えば宇宙の果ての先には何があるかって言ったときも、誰から見たときの果てなのかをはっきりさせないと、質問自体が意味を持ちません。

泡の外の人にとってみれば、「そこに見える宇宙の果ての先には親宇宙があります」って言えるでしょうけど、泡の中にいる人は「いや、そもそも果てなんてないから、外なんか存在しない」って答えになるわけです。

当然ながら、「我々の宇宙」が宇宙のすべてだと考えているうちは、このような議論は議論にさえなりません。

つまり、「我々の宇宙」はマルチバースに存在する数ある宇宙の一つなんだ、というふうに概念を変えることで、まったく新しい宇宙の見え方を手に入れることができるのです。

第5講

マルチバース宇宙論の現在地

計算でも観測でも確立されつつあるインフレーション理論

理論物理学の予言というのは、おそらく多くの皆さんが思うより驚異的です。第4講でも話したように、「我々の宇宙」のすべての構造の起源は、その誕生から0・000000000000000000001秒後くらいまでに起こった（スローロール）インフレーション中の「量子力学的な効果」のいわば副産物である「揺らぎ」にあります。

逆に言えば、そのときに「量子力学的な効果」が効いていたからこそ、今の我々があるのです。

実はその「揺らぎ」のパターンは、量子力学の理論を基にちゃんと計算することができます。

図14　宇宙背景放射の揺らぎの計算結果と観測結果

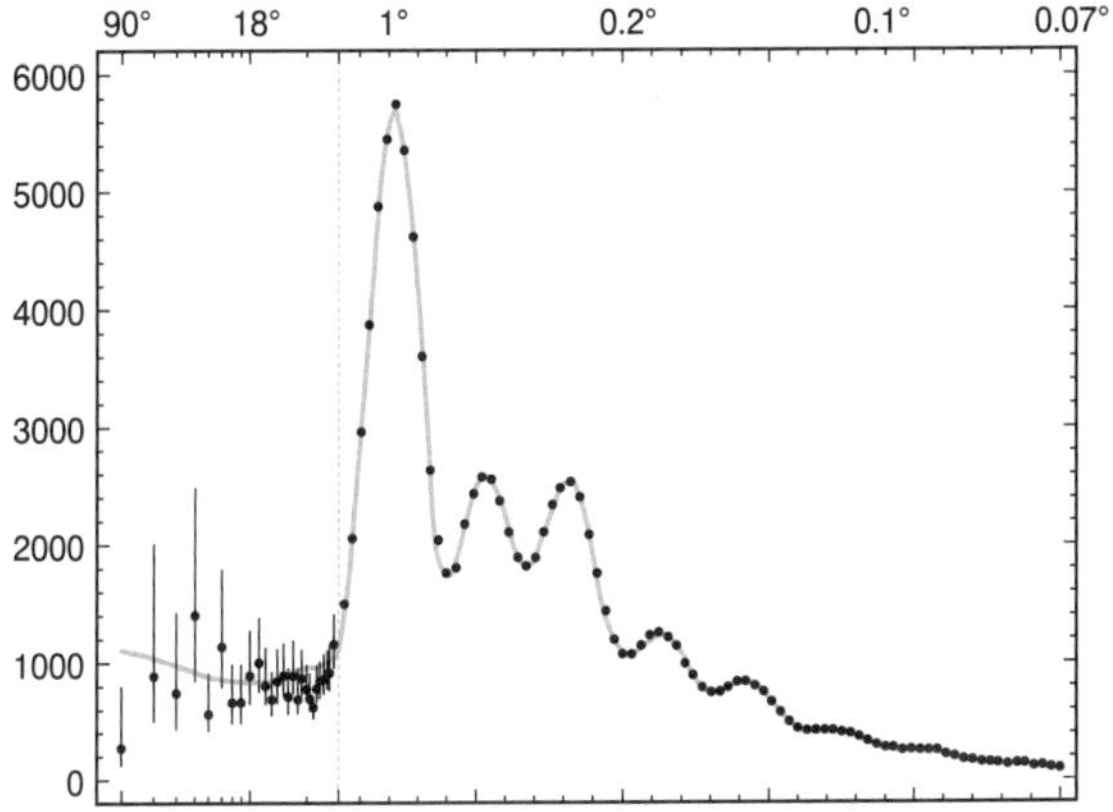

図15　2009年に作成された全天地図

PLANCK(2009年)

さらに、そのパターンが「一瞬で宇宙が原子核程度のサイズから現在観測可能な全宇宙のサイズに広がった」というインフレーションによって引き延ばされ、さらに38万年後まで伝播していくとどうなるのか、という計算も可能で、その結果が図14の実線でつながれたグラフです。

一方、図15は、２００９年のＰＬＡＮＣＫ衛星（ＥＳＡ、欧州宇宙機関）が観測した宇宙背景放射を元に作成された全天地図です。

そして、この地図を詳細に分析し、異なる2点の間で宇宙背景放射がどれだけ揺らいでいるかを示したものが図14の点で表した分布です。

どうですか？　見事に一致しているのがひと目でわかりますよね。

量子って「ぼわわわーん」としてるから、なんか揺らぐよね、じゃあ、そこからバーっと広がっていたら、たぶん宇宙ができあがるよね、なんていうボヤッとしたアイデアのレベルではないんです。行ったことも実際に見たこともない、今から１３８億年も昔の遠い過去の宇宙の歴史の名残《なご》りをここまで詳細に計算できる域にまで、理論物理学はすでに到達しているんです。

もちろん、観測技術の発展のほうも驚異的です。

例えば、次ページ図16は1992年にNASA（アメリカ航空宇宙局）と僕の同僚のジョージ・スムート（カリフォルニア大学バークレー校）のチームがCOBEという人工衛星を使って初めて宇宙背景放射の揺らぎを発見したときの全天地図で、このチームはその後ノーベル賞を受賞しているんですが、やはりこの時点ではだいぶ粗い感じがしますよね。

その下の図17は、2001年にNASAとプリンストン大学のチームがやったWMAP衛星の観測データですが、ここまでくるとだいぶ様子がはっきりします。

その上でさっきの図15を改めて見ていただければ、さらに精度が上がっているのがわかるでしょう。

つまり、こっちはこっちですごいスピードで進展していて、そのおかげで1980年代からあったインフレーション理論の予言が確認されたのです。

インフレーション理論は、まだビッグバン理論ほど確立されてはいないというのが多くの科学者たちの共通意見ではあるのですが、もう相当なチェックはすでにくぐっ

図16　1992年に作成された全天地図

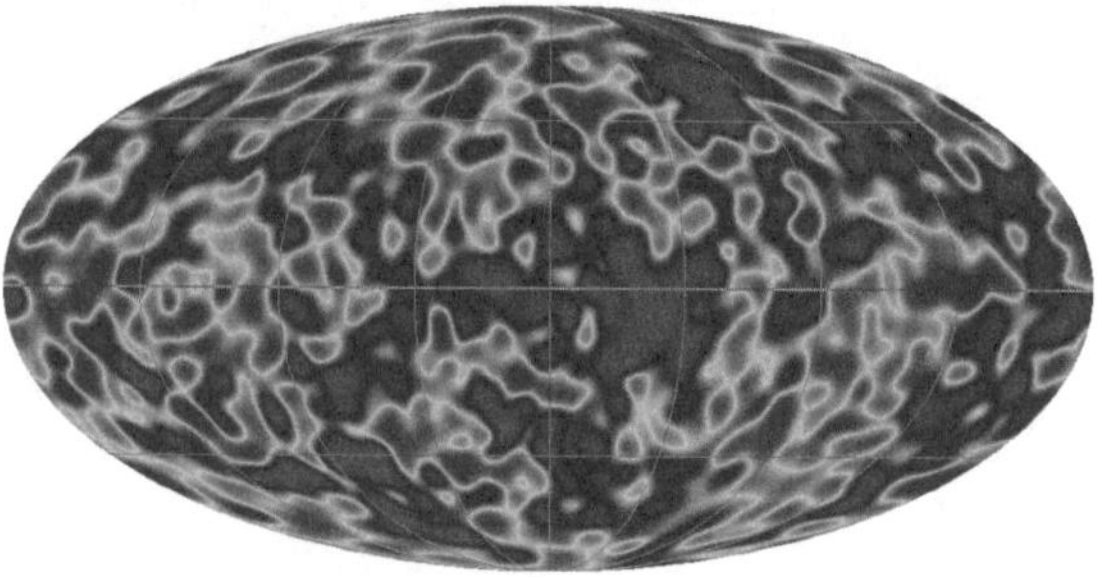

COBE（1992年）

図17　2001年に作成された全天地図

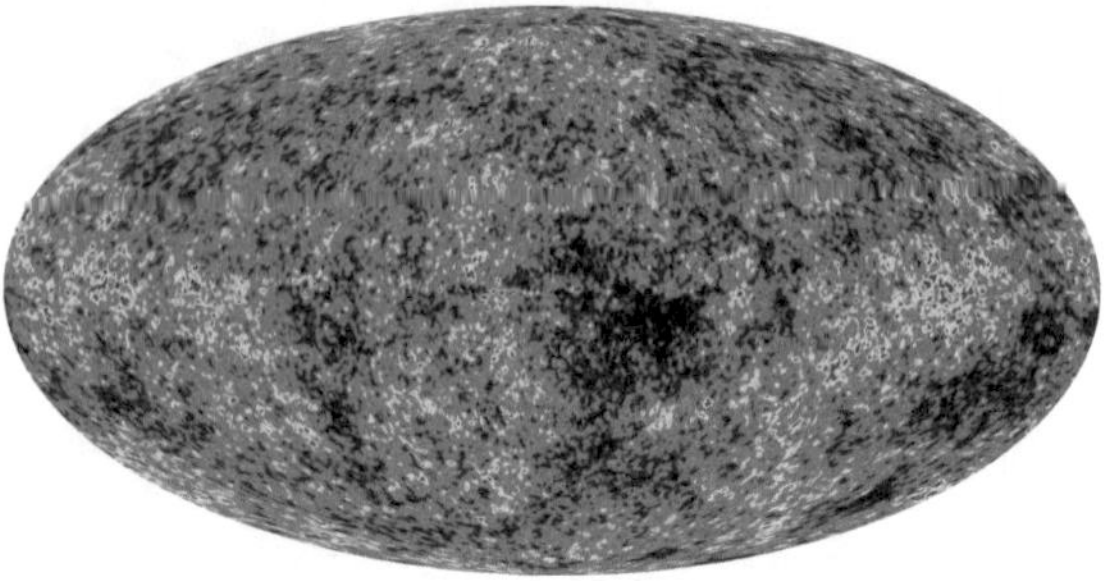

WMAP（2001年）

ており、精密科学として認められる日はそう遠くないと思います。

全物質の質量の5分の4を占める未知の存在「ダークマター」

理論的な計算と観測結果とにより、その存在が確実視されるようになった我々の宇宙のまた別の性質が、第1講で後で話すと言っていた「ダークマター」です。

地球が太陽の周りを回っているように、太陽系も銀河の中心に引っ張られてその周りを回っています。

そしてどれくらいのスピードで回るのかは、どれくらいの強さ（重力）で引かれているのかで決まります。

だから逆に、太陽系も含めた惑星系の銀河中心周りの回転速度を測ることで、どのぐらいの重力作用がかかっているのかがわかります。それで質量がわかるので、銀河系全体の質量も理論的に導き出すことができるのです。

　ところが、実際に観測された星やガスの量をすべて足したとしても、理論的に計算した質量に全然足りてないことが明らかになります。

　実際に起きている重力作用を説明するためには、見えないけれど、質量を持った「何か」の存在を想定しなくてはなりません。

　その「何か」というのがまさに、ダークマターなのです。

　ダークマターという名前には、どこか脇役感が漂いますが、観測された星やガスの量だけではあるべき質量に全然足りてないことからもわかるように、「我々の銀河系」のほとんどはこのダークマターでできているのです。具体的には宇宙に存在する全物質の質量のおよそ5分の4がダークマターであると考えられています。

　第4講で（38万歳の）初期宇宙にあった10万分の1程度の密度の「揺らぎ」をコンピューターでシミュレーションすれば、現在の宇宙の姿になるまでをほぼ完璧に再現することができるという話をしましたが、実はこのシミュレーションもダークマターの存在を加味しなければ、観測事実とまるで合わないんですよ。

だから、ダークマターの存在自体は確実視されているのですが、細かい性質まではわかっていません。今もなお、この見えないダークマターを直接検出しようという試みは日夜行われていて、僕の同僚や日本のチームも含めた世界中の研究者がしのぎを削っています。

もしかすると近い将来、「ダークマター、ついに検出！」みたいなニュースが流れるかもしれません。そのときにドヤ顔で周りの人たちに説明するためにも、その存在をぜひ覚えておくことをおすすめします。

マルチバース宇宙論が哲学的な机上の空論であるという「誤解」

第1講で僕は、「『我々の宇宙』とは別の宇宙が本当に存在するとしても、お互いにまったく見えず、まったく何の関係も持てないのであれば、サイエンスではこれ以上チェックできませんから、それはただのSFです」と宣言しました。

その上で第4講では、「(我々にとって過去となる)親宇宙に我々は絶対に行くことができない」ことを説明しています。

じゃあ、マルチバースに関してサイエンスはお手上げなのかと言うと、決してそうではありません。

「行けない」ことと「関係が持てない」ことはまったく別だからです。

直接そこにたどり着けるものだけを扱うのがサイエンスの領域だとするのなら、恐竜などを扱う古生物学や考古学も、それこそビッグバンを調べることだって、全部サイエンスじゃないことになってしまいます。

確かに我々は親宇宙に行って、それを直接見ることはできません。繰り返しますが、これは原理的に不可能です。なぜなら、そこは過去だからです。そして、おそらく(例えば我々の宇宙の中に生まれるかもしれない)別の宇宙にも、直接行ける可能性は極めて低いと思います。

しかし、たとえ直接行ったり見たりすることはできなくても、精密な観測で親宇宙からのシグナルを受け取ることは少なくとも原理的にはできるし、それを解析することで「見えて」くるものもあるのです。

恐竜時代に行くことはできないけれども、彼らが残した化石などの名残りを調べることによって古生物学が成り立っているのと、まったく同じなんですよ。

もちろん我々は、新たな事実を予言し得るさまざまな理論も持っています。まず理論が先にあり、最初はまさかと思われた予言が、その後の観測によって実証されたというケースが山ほどあることは、これまで話してきた通りです。

そしてマルチバース宇宙論の予言もまた、ときにあまりに「非常識」すぎて、それなりに真剣に向き合われるようになったのは本当にごく最近のことです。だから、どのようにして観測的にこの理論をさらに調べることができるのかは、これからの課題です。

しかもこれに加えて、マルチバース理論は少なくとも現時点では、観測されている宇宙の加速膨張を理解する事実上唯一の理論であることは間違いありません。だから、これからもっと真剣に研究して、さらなる証拠になり得るものはないのかをつぶさに検討し、考え得るすべての可能性を全部テストしていくべきだと僕は考えています。

歴史的にも、もはや精密科学になりつつあるインフレーション理論だって、「地平線問題」や「宇宙平坦すぎる問題」を解決する理論として最初に出てきたときには、なんだか「哲学的」な問題を解決するために出てきた検証しようもない理論だなあ、と思われたって不思議はなかったわけです。しかも、グースが最初に出したアイデアは決して完璧なものではありませんでした。

しかし、インフレーション理論が「サイエンスになる」可能性を否定せずにその詳細を調べた人たちがいたからこそ、「揺らぎ」を予言することができて、その後に全天地図の「揺らぎ」をそのように解析しようって発想になり、そして「おお、バッチリ合ってるじゃん！」って話になったわけです。

もし仮に、出された理論を真剣に受け取ることがなかったとしたら、「揺らぎ」の予言もあり得なかったわけで、その後、観測技術が向上して全天地図が作れたときにも、それが何を意味してるかさっぱりわからなかったはずなんです。

このような歴史があるにもかかわらず、マルチバース宇宙論に関していうと、「こんなものサイエンスじゃない」って言う人が今もなお少なからずいます。

ただ、そうやって最初から懐疑的な姿勢で真剣に向き合おうとしないのは、とても危険で、サイエンスの発展を阻みかねない間違った考えだと僕は思っています。

今後の観測次第で否定される可能性もあるマルチバース宇宙論

「我々の宇宙」が永久インフレーションにより生じた数ある泡のうちの一つだとすると、泡の中に住む我々にとっての同時刻に対応する空間は必ず負の曲率を持つということを数学的に示すことができます。

どういうふうに示すのかは、この話の本質ではないのでここではあえて扱いませんが、「我々の宇宙」が泡のうちの一つであって、その構造が本当に図11（P．148）のようになっている場合は、「我々の宇宙」は必ず「負の曲率」を持つのだと理解してください。

「負の曲率」になっているかどうかを確かめるためには、実際に測ってみるのが一番ですが、「我々の宇宙」は非常に大きいので、その辺の空間で測ったところで曲率ゼロの結果しか得られません。曲率のゼロからのズレは、それがもしあったとしても、宇宙サイズの三角形を描かない限り観測できないのです。

「宇宙サイズの三角形を描く」ことなんてできっこないでしょと思うかもしれませんが、さっきも言ったような目覚ましい観測技術の進歩のおかげで、その観測はすでに可能になっています。

もちろん実際に描くわけではなく、遠方にあって距離のわかっている2点から来る光の間の角度を測るというちょっとしたトリックを使うのですが、いずれにしても事実上描くことができ、その内角の和もちゃんと測ることができるんですよ。

現在のところ実験的に観測される、宇宙サイズの三角形の内角の和の180度からのズレは約1度以下といったところなので、今の時点ではこの観測からはマルチバースの存在を肯定も否定もできません。

しかし、この観測の精度は今後数十年の間に±0・1度とか±0・01度のレベルまで改善されると言われています。

この将来の観測でもし曲率が負だということが確定したら、それは大変なことです。もちろんそれだけでマルチバースも確定とまでは言えませんが、少なくとも一つの大きなチェックをクリアしたことにはなるでしょう。

また、曲率が観測の誤差の範囲内でゼロとなった場合でも、それでマルチバースが棄却されるわけではありません。なぜなら、マルチバース理論によれば我々の宇宙の曲率は負ですが、それがどれだけ負かはわからないからです。たとえば、宇宙サイズの三角形の内角の和が179・9999であれば、それは観測的には180度と区別がつかないでしょう。

しかし、もし将来の観測で我々の宇宙の曲率が正であることが判明したら——例えば観測結果の中央値が180・5度で誤差が0.1度というようなことになったら、その瞬間に「我々の宇宙は泡の一つ説」は否定されます。

そして、この本でお話ししてきたマルチバース宇宙論の大半は嘘だったということになり、すべて棄却となって、残念ながらジ・エンドです。

マルチバース宇宙論は正真正銘のサイエンスである

「ここまできて、嘘かもしれないってどういうこと？」って思うかもしれませんが、これは、マルチバース宇宙論がサイエンスであることの証であり、それゆえのリスクだと言えます。

哲学者のカール・ポパーが１９３４年に書いた著書の中で、「原理的に反証可能性のあるものだけをサイエンスと呼ぶ」と提唱して以降、サイエンスの世界では「反証可能性」の有無が重視されるようになりました。

例えば、「恐竜の骨だとみんなが思い込んでいるものは実は全部、昔ＵＦＯに乗ってやってきた宇宙人が作っていたものなんだ説」というのがあったとしましょう。

キテレツな説ではありますが、その可能性は必ずしもゼロだとは言えません。

だとすれば、これはサイエンスだと言えるのでしょうか？

その説の提唱者が、それを否定する古生物学者といったいどんなやり取りをするのかをちょっと想像してみましょう。

古生物学者「ちょっと待ってくれ。ＵＦＯに乗ってやってきた宇宙人が作ったんだというけど、骨だけじゃなく、恐竜の足跡だって見つかってるんだぞ。これは恐竜がいたという何よりの証拠じゃないか？」
ＵＦＯ説の提唱者「いやいやその足跡も、ＵＦＯに乗ってきた宇宙人が作ったのさ。だからオレの説は間違ってないぜ」
古生物学者「そうは言っても君、全部の骨が白亜紀など特定の地層から出てるんだぞ。これはその時代に恐竜がいたってことだろ？」
ＵＦＯ説の提唱者「いや、だからね。ＵＦＯもその時代に対応する地層にだけ骨や足跡を作ったんだよ」

この議論、堂々巡りをするだけで、たぶん永遠に終わらないです。

そして、このやり取りを見ただけで、「恐竜の骨だとみんなが思い込んでいるのは実は全部、昔UFOに乗ってやってきた宇宙人が作っていたものなんだ説」はサイエンスとは言えないことがわかります。

その理由は、この説があまりにキテレツだからではありません。

何を持ち出されても、「宇宙人の仕業だ」と言い張ることができるからです。

つまり、「遠い過去にUFOに乗った宇宙人がやってきて恐竜の骨を作った」というのは、それを反証する術を誰も持たない、つまり、反証可能性がゼロの主張なのです。

でも、マルチバース宇宙論は違います。

その証拠が本当に見つかるかどうかは別として、「我々の宇宙」の曲率は正の値だ、という証拠が示されれば、その瞬間、いとも簡単に反証されます。これは「反証可能性がある」ということです。

もちろん、「さあ宇宙の外に行って本当かどうか見てきましょう」みたいなことはできないし、何かと間接的だし、観測結果も理論でその解釈をすごく考えていかないといけなかったりもするので、マルチバース宇宙論というものが非常に難しい分野であることに間違いはありません。

ただその一方で、反証可能性を確保するという、実はかなり難しいハードルは十分クリアしているんです。

そういう意味でマルチバース理論というのは、伝統的な科学の手法に実に忠実に則《のっと》った、正真正銘のサイエンスなのだと言えます。

「我々の宇宙」と似た構造を持つ宇宙は無限に存在し得る

「我々の宇宙」は「永久インフレーション」が生み出した泡のうちの一つであり、超弦理論の基本方程式の予言では、「宇宙の構造のバラエティ」は10の５００乗通り以上もあります。

だとすれば、「我々の宇宙」とは種類が違う、つまり、素粒子の種類や質量や真空のエネルギー密度が違う宇宙が、別の泡として、10の500乗通り以上生まれるのは必然だとも言えます。

それはすでに図12（P．151）に示した通りですが、そこにも描いてあるように、この泡宇宙の生成は基本的にどのような宇宙の中でも起こり得るので、実際のマルチバースの構造は「フラクタル」のように、泡宇宙が何重にも入れ子になったような複雑な構造をしています。

しかも、超弦理論の基本方程式が予言しているその数は、あくまでも違う「種類」の宇宙の数にすぎません。永久インフレーションによる泡宇宙の生成は無限に続いていくので、同じ種類の宇宙も複数、というか無限個、存在していることになります。

もちろん、真空のエネルギーが負でその絶対値が大きい場合などは、生まれた宇宙はすぐに消滅してしまうでしょう。でもそうでない場合には、宇宙は長い時間続くことになります。

なので、「我々の宇宙」と同じ種類の宇宙、つまり同じもしくは非常に似た素粒子の法則で動いていて、我々と似たような知的生命体が存在する宇宙だってたくさん存在するはずです。

無数の泡が量子力学的効果によって発生する以上、「我々の宇宙」的なものがたった一つしか存在しないということは考えられません。

そもそも量子力学というのは、ここにいる、とかあそこにいる、とかいうのではなく、あくまでも確率的に分布すると考えますから、いくつある、というふうに数を数えるということ自体にすらあまり意味はないのかもしれません。

はたして別の泡宇宙に「もう一人の自分」はいるのか？

「我々の宇宙」と同じ、もしくはよく似た法則で動く宇宙が確率的に分布しているのだとしたら、それは我々と同じような知的生命体が確率的に分布することを意味します。

だとすれば、あなたとはちょっとずつ経験が違ったり、ちょっとずつ髪の毛の量が違ったり、ちょっとずつイケメン／キレイ度合いが違ったり、ちょっとずつヒストリーが違う世界が存在している可能性は決して低くはありません。

そういう話をすると、「じゃあ、別のオレが大谷翔平として存在する宇宙もあるのか」なんて言い出す人がいるのですが、顔が大谷翔平で、野球がめちゃくちゃうまいやつは、果たして「別のオレ」と呼べるのでしょうか。

もはやそれは、言葉の定義の問題です。哲学者と話をすると、よく「宇宙に果てはあるのか」っていうのがテーマになるのですが、「宇宙」を定義しないままだと、これは議論にすらなりません。

同じ素粒子の法則で動く宇宙を「我々の宇宙」と呼ぶのであれば、少なくとも、それとは違う法則で動く宇宙は「我々の宇宙以外の宇宙」です。つまり概念としては「我々の宇宙」の外に宇宙はあり得るということになります。そしてそのような概念で「宇宙」を定義するのであれば、「宇宙には果てがある」と言えなくもない、という話になります（ただし、第４講でも言ったように、我々が「我々の宇宙」の観測者にとって自然な時間を使う限り、空間的にはどこまで行っても果てはありません）。

また、あくまでも親宇宙や子宇宙、他の泡宇宙の全部含めてすべてを宇宙と呼ぶと定義すれば、マルチバースであっても宇宙は一つです。だとすれば、その「宇宙」には果てなどありません。

つまりもうこれは、サイエンスではなく、哲学ですらなく、単に国語の問題です。「宇宙」という言葉をどう定義するかといった問題にすぎません。

今話した「別のオレ」の話もそれと同じで、どこまでを「別のオレ」と呼ぶかの問題です。

髪の毛の位置がほんのちょっと違うくらいなら「別のオレ」と言えるかもしれないけれど、まるで違う経験を積んでいるとか、全然違う見た目だったらもはや「オレ要素」はないのですから、たぶん「別のオレ」とは言わないでしょう。

じゃあ、その真ん中ぐらいだったら「別のオレ」なのか？

かなり顔は似てるけど経験が違ったら？

逆に、経験は似ているけれど、顔が全然違ったら？

でも、「ここにいる唯一のものがオレなんだ」と定義すれば、そもそも「別のオレ」なんてどこにも存在しないことになります。

別の宇宙に別の「自分」がいるのか、という問いは、結局のところ、何をもって「自分」とするのか、という問いに等しいのです。

量子力学では、確率でさまざまなことが決まっているので、起こり得ることは全部起こり、それがどんどん分岐していくと考えられます。だから、あなたとはちょっとずつ違う「何か」が連続的に生まれているのはほぼ確実で、だからその「何か」は無限にいるのも確かです。

しかし、電子の場合と同じように、それはあくまでも確率分布なので、揺らぎは必ずあります。だから、「オレ」を定義するときにも、ばっちり完璧には決められません。ある程度の「幅」が必要だということになります。

これは、量子力学効果で発生する泡宇宙の宿命なのです。

「新しい理論の発見」は「古い理論が使えなくなること」ではない

シンプルに定義するなら、サイエンスとは、その時々《ときどき》の「もっとも確からしい考え」を数式にまとめたものです。状況証拠を積み重ね、「そうなっていなければおかしい」「今のところはこれがもっとも自然」というロジックで作り上げたものだと言っていいでしょう。

この本の中で僕は、「間違いない」とか「確かだ」いう言葉を何度か使ってきましたが、それらのフレーズを理論に対して用いる際には、厳密には「現時点での我々の知識では」や「少なくとも我々が考えている領域における近似という意味では」などの言葉を足さなくてはなりません。

例えばニュートン力学は、ものの速さが光速に近づく領域では相対論的効果を含むよう拡張されなければなりませんし、極微の世界では量子力学に取って代わられることになります。

しかし、これはニュートン力学が（もはやまったく使い物にならないという意味で）「間違っている」ということではありません。ニュートン力学は、今までそれが通用していた領域では、これまで通り「良い理論」であり続けます。

新しい理論が見つかるというのは、古い理論が完全に捨て去られなければならなくなるということではなく、「今まで使ってきた理論が、ある条件下でのみ成り立つ近似的な理論であったことがわかる」ということなのです。

しかし、このような話をすると、

「だったら、何をもって物理学者たちは、今日うまくやれたことがこれからもうまくいくと保証できるのか?」

といった質問を受けることがあるのですが、そんな保証はできません。率直に言えば、「今までそれでうまくいってきた」ということにすぎないのです。

さらに言えば、今日使える物理学の理論が明日は使えなくなるという可能性だって、まったくないわけではありません。でもそれを言い出したらサイエンスなんてものは成り立ちません。そういう意味で、サイエンスはどこまでいっても経験科学なのです。

しかし、これはちょっと前に述べた、新しい理論が見つかるというのとはまったく別のことです。繰り返しになりますが、新しい理論が見つかるというのは古い理論が突然理由もなくまったく使えなくなるということではありません。人間が新しい領域を探索し、今までの理論ではカバーできなくなる状況を見つけたということにすぎないのです。

マルチバース理論も、私たちが今まで明らかにしてきた宇宙論——ビッグバン宇宙や宇宙初期のインフレーションなど——が「間違っている」、つまりまったく使えなくなる、と言っているわけではありません。

それらは「我々の宇宙」という泡の中では実際に起こっています。マルチバース宇宙論は単に、自然界にはそれを超えたもっと大きな世界があったのだ、と言っているだけです。そして、そのような大きな世界では私たちが自然界の基本的法則だと思っていたもののいくつか――例えば素粒子の標準模型など――が変更を迫られると言っているだけなのです。

我々の宇宙の加速膨張という世紀の観測は、超弦理論や永久インフレーションといった理論物理学の力も借りて、私たちの住む宇宙がもっと広い世界のほんの一部かもしれないという衝撃的な描像を明らかにしました。

今までの科学の歴史を考えれば、マルチバース宇宙論も――それがもし「正しかった」としても――いつの日か修正を迫られるときがくるでしょう。しかし、まずはこの新たに手にした宇宙観をとことんまで調べていくのが、今の我々に要求されていることのような気が個人的にはしています。

第6講

エンタメの中のマルチバース

マルチバース理論のエッセンスがちりばめられた近年のSF作品

僕自身はその手の作品を多く見ているというわけではないのですが、映画や漫画でのマルチバースの描き方について、その分野の専門家からの意見ってやつを聞かれることは公私ともにままあります。

僕の基本的なスタンスとしては、どんな内容であろうと、「こういうことは起こり得ないから滑稽だ」みたいな感想を持つことはまずないですね。もちろん、「理論的にこれは無理だよなあ」みたいなことが頭を掠《かす》めたりはしますが、だからと言って「こういう間違った描き方をすると、観客や読者が誤解するじゃないか！」なんて怒ったり、「マルチバース」という概念を正確に使ってないからダメだ、みたいな固いことを言うのには僕は反対です。エンターテインメントとサイエンスは別のものですからね。

むしろ、物理の理論をヒントに面白いストーリーを生み出してくれるのなら、それはとても素晴らしいことだと思いますし、そういう作品を入り口にして、マルチバースという言葉を知ったり、理論物理学や量子力学に興味を持つ人が世の中に増えてくれたら、それを生業とする人間としては単純にうれしいですよ。

そもそもの話、「マルチバースもの」と称される作品も、マルチバースはあくまでも作品を面白くするためのツールですよね。そしてその使いこなし方は、物理学者である僕も感心することのほうが多いです。

近年だと、『スパイダーマン：ノーウェイ・ホーム』（2021年公開）や『エブリシング・エブリウェア・オール・アット・ワンス』（2023年公開）を観たのですが、「なるほど、マルチバースをこんなふうに使うのか！」って、そのアイデアに驚きました。

この2つの作品には、この本でも書いてきたような、超弦理論とか余剰次元とか泡宇宙みたいなエッセンスがいろいろとちりばめられているのも、個人的に「身内が出てきた」感があって、なんだか新鮮でしたね。

だから一度見たことがある方も、そのあたりの言葉の意味とか概略を理解した上でもう一度見直してみると、また別の見方ができて面白いんじゃないかと思いますよ。

エンタメに描かれるようなマルチバースが存在する可能性は？

僕の基本スタンスをちゃんとお伝えしたところで、サイエンティフィックな視点から話をするなら、『スパイダーマン：ノーウェイ・ホーム』や『エブリシング・エブリウェア・オール・アット・ワンス』（以下エブエブ）も含め、マルチバースを扱うおそらくすべてのエンターテインメント作品には、共通して必ずある部分にクリエーション（創作）があります。

それは、登場人物たちがいわば「量子的な」動きで、いろんな宇宙の間を行ったり来たりするという部分です。

少なくとも現時点では、人間のような大きなものに量子力学的効果がそのように効くことはないというのがサイエンスの世界での共通認識なので、少なくともその部分は、率直に言うと非科学的です。

でも逆に言えば、それができるという設定もありなのが、エンターテインメントの強みであり、楽しさですよね。

ただし実は、うまーくコントロールすることで分子くらいのレベルのものに量子的な動きをさせることは技術的には可能にはなっているので、もしかするとはるか遠い未来には、人間のようなマクロな物体にも何か本質的に量子力学的な操作をすることが可能になることはあり得るかもしれません。

また、映画や漫画で描かれる「別の宇宙」にはたいがい、我々人間とまったく同じか、ちょっとだけ風貌が違う人間らしきものが出てきますよね。

そういう存在がある以上、そこが「我々の宇宙」と同じか、よく似た素粒子の法則で動く宇宙であるのは間違いありません。

ネタバレになるのでこれ以上の言及は避けますが、『エブエブ』の中には人間がいない宇宙も出てきます。ただし、あの風景を見る限り、たまたま人間がいないというだけで、同じ法則で動く宇宙であることに変わりはないと思います。

つまり多くの映画が扱うマルチバースは、「我々の宇宙」とあらゆることが違う宇宙というより、単に歴史が違う宇宙、言い換えるなら、量子力学的効果で分岐していった宇宙なんですね。実際『エブエブ』にはそれを思わせるシーンもありました。

だとすれば、その「別の宇宙」のある場所としてまず考えられるのは、図9（P．139）や図11（P．148）で示した逆三角形の内側の部分、つまり「我々の宇宙」と同じ泡の中のはるか遠くである、というのが自然な考えです。

もちろん同じ泡の中の比較的近い場所、例えば今の私たちに観測できている部分には、地球とほぼ同じで、ちょっとだけ歴史が違う世界なんてあるようには思えません。

しかし、図11を解説したときにも説明しましたが、泡の中に住む我々にとって宇宙の大きさは無限大です。もし宇宙が無限に大きければ、そのどこかには私たちの周りの世界とほとんど同じで、歴史だけが違うような世界は必ずあるでしょう。

これが何を意味するかというと、そことの間を行ったり来たりするというのは、実は距離的に離れたところを行ったり来たりしているにすぎないということです。ただし、図13（P．152）でも説明した通り、相対性理論によれば、このように同時刻上（同じt'）の空間的に遠く離れたところを行ったり来たりすることはできません。なぜなら、それは光より速く動くということを意味するからです。

なので、このように私たちの世界と、似たような世界との間を自由に行ったり来たりするということは、現在の理論物理学によればできないということになります。


また、これらの映画や漫画で描かれる「別の宇宙」は、図12（P．151）に示されたような別の泡宇宙であるという可能性も考えられます。この場合でも、その泡のコンディション（素粒子の種類や質量や真空のエネルギー密度）が「我々の宇宙」とたまたま同じなら、「我々の宇宙」と同じ物理法則で動きますからね。

ただし、第4講でも話したように、「我々の宇宙」の外は我々から見ると過去なので、少なくとも「我々の宇宙」のほうからそこに行くのは不可能です。あえて行き来させるとしたら、過去に向かえるタイムマシン的要素を足す必要が出てきます。そしてそれは、現代の理論物理学によれば不可能です。

だから、この場合でも、我々の宇宙と別の宇宙を自由に行ったり来たりするという設定は、残念ながらサイエンティフィックには考えづらいです。

そしてさらなる可能性としては、これらの「別宇宙」は、余剰次元の方向に存在する別の膜宇宙だという考え方もあり得ます。

このパターンだと、「見えないだけで実はすごく近くにある」という可能性がある一方で、膜と膜を自由に行き来するというのは原理的に難しく、可能性はほぼゼロでしょう。

なぜかと言えば、素粒子も人間も、そして光さえも（実は光も結局素粒子なんですが）、あらゆるものが同じ膜の上で拘束されているからです。

なので、この場合でも、結局はいろいろな宇宙を自由に行き来することはできないという結論になります。

以上、科学的にはかなり残念な結論になってしまいましたが、これはもちろんあくまでもサイエンスの視点からの話なので、異なる世界を自由に行ったり来たりできる設定にすることで、エンタメ性はむしろ増すとは言えますよね。

というか、もしこのような設定を入れなければ、マルチバースやパラレルワールドがエンタメの世界に提供できることは実はほとんどないというのが、実際のところかもしれませんが……。

タイムマシンで未来には行けても過去には戻れない

ところで第4講でも話した通り、相対性理論によれば、動いているものの中にいる人は、止まっている人より時間の進み方が遅くなります。

なので、もしも光に近い速さが出せる乗り物というものがあってその中で過ごしていれば、乗り物の外で流れる時間と乗り物の中にいる自分に流れる時間に差が出るので、浦島太郎のように、世の中の時間はとっくに過ぎているのに自分だけが若い、みたいなことは理論上は可能です。それをタイムマシンと呼ぶのであれば、未来に行くのは可能だということになります。

例えば、光速の99・5％の速さで動いていれば、周りとの時間の経ち方は10倍ほどずれますから、自分が1歳年を取る間に周りは10年経っているということが可能です。もし、時間を100倍ずらしたければ、必要な速さは光速の99・995％です。

しかし、ではそこからまた過去に戻れるのかといえば、それは不可能です。

ニュートン力学や量子力学などの物理の方程式を解いてやると、時間の逆回しは簡単にできます。しかし、その解が示しているのは自分の時間も周りの時間もすべてが一緒くたに逆回しになるという現象です。これは、単に世界の歴史をフィルム映像に例えたときに、全体を逆回しにしているにすぎません。そして、過去に戻るというのはそういうことではありません。
過去に戻るというのは、自分の時間は前に進みながら、つまり記憶等は増えていきながら、周りだけが昔に戻っていくという現象のことです。つまり、過去に戻るタイムマシンというのは、自分と周りの時間の経ち方の向きを反対向きにしなければならないのです。そしてそれは現在の物理学の理論によれば不可能です。

よく考えてみると、タイムトラベルをテーマにした作品というのは、多くの場合、未来なり過去なりに行ってその歴史を変えようと奮闘する、みたいな話が多いですよね。

有名なところだと、『バック・トゥ・ザ・フューチャー』（1985年公開）はまさにその典型ですが、これは実際に「今の自分」につながる過去に行っているのではなく、自分が今いる宇宙とは「歴史が違う宇宙」に行っている、というふうに捉えることもできます。なぜなら、本当の意味で「現在自分がいる世界の過去」に行くということは、定義からしてそこで何をやっても現在自分がいる世界は変わらないということになるからです。

『バック・トゥ・ザ・フューチャー』には宇宙の要素は一切出てきませんが、ちょっと視点を変えれば、あれはドクやマーティが歴史の違ういろんな宇宙を飛び回る「マルチバースもの」だと言ってもいいのではないかと思います。

また、そういう意味で言えば、漫画の『ドラえもん』もそうですよね。ドラえもんに連れられて、のび太もタイムマシンに乗って未来に行く場面が多々ありますが、そこで彼は未来の自分に出会います。しかし、もしこのタイムマシンがさっき述べたように、単に相対性理論の効果を使って周りとの時間をずらしただけであれば、そこに別ののび太はいないはずです。なので、未来で出会うのび太は元々ののび太とは別ののび太と考えられるわけです。

そういう意味で、そこは元の世界の未来そのものというより、歴史の違う「別の宇宙」と言うべきな気がしますし、その意味でここにもまたマルチバースの匂いを感じずにはいられません。

エンタメよりサイエンスのほうがぶっ飛んでるマルチバースの描像

このように見ていくと、マルチバースの世界観というのは、自由に行ったり来たりできるかどうかという決定的な要素を除いてではありますが、エンタメの世界との親和性が高いというふうに言えるかもしれません。

ただ、誤解を恐れずに言えば、マルチバース宇宙論が扱うマルチバースは、もっとさらにぶっ飛んだ、劇的なものです。

だって、マルチバース宇宙論が考えているマルチバースでの宇宙というのは、少なくとも10の500乗もの種類があり、歴史はもちろんのこと、素粒子の種類や質量も真空のエネルギー密度も空間の次元すら違う宇宙が、とにかくいろいろぐちゃぐちゃっと存在するという話ですからね。

つまり、マルチバースそのものに関してだけ言えば、なんでもありのはずのエンタメより、サイエンスのほうがむしろクレイジーなことを考えているということです。

その理由はこれまで私の話を聞いてきてくださった皆さんになら明らかなはずです。マルチバース宇宙論が想定するさまざまな宇宙のうち、エンタメに出てきているようなものは、ほんの一部です。そもそも10の500乗種類の宇宙というのは、それぞれが違う素粒子の種類や質量、そして真空のエネルギー密度を持っていますが、その多くは真空のエネルギー密度の絶対値があまりに大きすぎるせいで、すぐにつぶれてしまうか、加速膨張がどんどん進んで宇宙らしい構造はできません。

一方、真空のエネルギーが十分に小さい場合は、とりあえず宇宙っぽい感じで存在することはできるかもしれませんが、素粒子の種類や質量も含めてよほど恵まれた値にならない限り、少なくとも「我々の宇宙」のような構造にはならず、我々のような生命体も生まれません。「我々の宇宙」とは素粒子の種類や質量や真空のエネルギー密度が違う宇宙は、当然ながら「標準模型」で記述することはできませんが、量子力学や超弦理論の枠内で検討する限り、その多くはほとんど何もない宇宙であろうということはほぼ間違いないように思われます。

つまり、マルチバースの大半は、基本なーんもない宇宙なんです。そういうところを物語の舞台にしたって、面白いはずはありません。

だから結局、エンタメとして使えるのは「歴史が違う宇宙」に限定されます。そういう宇宙じゃないと、人間どころか、宇宙人さえも生まれないので、まったくお話にならないんですよ。

逆にサイエンスとしてのマルチバース宇宙論の場合は、我々が物理法則だと思っていた原子とか電子とかすらも変わってしまうという点や、真空エネルギーが変わってしまうという点が決定的に大事だったわけですね。そうじゃないとワインバーグの理論が使えませんから。

つまり、サイエンスの世界の関心はむしろ、エンタメでは扱う意味がないような、なんもない地味〜な宇宙の存在のほうにあったんですよ。そういう宇宙がいっぱいあるっていうふうに考えたからこそ、長年の謎が解けたんです。

同じマルチバースでも、エンターテインメントとサイエンスでは、興味のある場所が違うんです。

そしてその違いというのは、「こういうのがあると面白いよね」という発想からスタートするエンターテインメントと、ある現象を説明するためのもっとも合理的な理論は何なのかを追求するサイエンスとの、スタンスの違いに起因しているのです。

ただ、10の500乗もの種類の宇宙があるなんてことは、物理学からのインプットがなければ想像できないくらいぶっ飛んだ話だとは思うのですが、エンタメの世界の人たちもこういうことに少なくとも興味は持ち始めているように見えます。だから、将来このようなぶっ飛んだ話が、なんらかの形でエンタメのストーリーの重要な部分に組み込まれていくということは十分あり得るのかな、という気もしています。

「宇宙人」は存在し得るが地球に攻めてくる可能性はごく低い

よく講演などで受ける質問の一つに「宇宙人は存在しますか?」というものがありますが、これに対するマルチバース宇宙論の答えは「物理学的には」明快です。「我々の宇宙」も空間的に無限で、しかも「我々の宇宙」の外にある別の泡にも「我々の宇宙」的なものがあるわけだから、そこになんらかの生命体がいるのは必然です。

ただ、それが「宇宙人」なのかと言われたら、ここでも何をもって「宇宙人」なのかという話になってきます。

「別の宇宙」に住む生命体を「宇宙人」と呼ぶのであれば、「別のオレ」であってもそれは宇宙人ですから、量子力学的効果で分岐していく並行宇宙には、その宇宙人とやらがあちこちに住んでいる可能性は高いです。

ただ、よく漫画などで描かれたりする、我々人間とは明らかに違う姿形の生命体を「宇宙人」とするのなら、それは生物の進化の問題であって、そのためには別の条件も大きく変わる必要がありますから、「別のオレ的宇宙人」よりは可能性は減るかもしれません。ただし私たちの住む地球上でさえ、過去には僕らから見ると怪物的な意味不明な生物がいっぱい存在していたわけですから、私たちとは全然違う知的生命体がいたとしてもまったく驚きはありません。


あと、関連した質問でよくあるのは、我々よりずっと高い知能を持つ宇宙人が、自由にいろんな宇宙を旅することができるＵＦＯを開発して、そのうち攻めてくることはあるのか、みたいな質問です。

先にも説明しましたが、この宇宙人がもし「別の宇宙」にいるのであれば、その可能性はまずないでしょう。現在の物理理論によれば、別の泡宇宙や、膜宇宙から、なんらかの生命体が我々の宇宙にやってくるということは、ほぼ不可能です。

だからもしあるとしたら、我々よりＩＱの高い知的生命体が「我々の宇宙」のどこかにいて、彼らが私たちの住む地球に極めて性能の良い（しかし光速を超えることはできない）乗り物でやってくるという可能性だけです。

これはもちろん絶対にないとは言えません。

しかし、これまで宇宙人が訪ねてきたという証拠は一切見つかっていないことから考えれば、近い将来にそれが起こる可能性は低いと考えるのが常識的でしょう。

ちなみに、米航空宇宙局（ＮＡＳＡ）はそういう証拠をすでに見つけているのだが隠している、というような言説は「トンデモ」説と言って構わないかと思います。

実際、ＮＡＳＡはＵＦＯの目撃談に関する公式見解を発表したりしていますが、彼らの言うＵＦＯとはあくまでも「未だに素性が確認できない飛行物体」のことであって、別に宇宙人の乗り物を意味するわけではありません。誰かが飛ばしたドローンかもしれないし、どっかの国が飛ばした何かかもしれない。

いずれにしても、宇宙を持ち出すまでもなく地球上のどこかから飛んできたものだと考えている専門家のほうが圧倒的に多いですし、ＮＡＳＡ自身もはっきりと、ＵＡ

Ｐ（未確認空中現象／ＵＦＯと同義で使われる言葉）が地球外起源である証拠は見つかっていないと言っています。

いずれにしても、もしマルチバース理論が正しかったとしても、「宇宙人が攻めてくる」可能性がマルチバースでなかった場合にくらべて上がるわけではありません。なので、そのようなことはあまり心配しなくて良いのではないかと思われます（個人的には、それよりも人間同士の争いのほうがよっぽど心配です）。

あとがき

アルベルト・アインシュタインをはじめとする多くの科学者たちの多大なる貢献や物理科学の爆発的な発展によって、我々は20世紀に「我々の宇宙」の詳細な描像を手にしました。

そして我々は今、それをも超えるマルチバースという世界観を、我々の宇宙の詳細な観測と現代物理学の理論から導かれる自然な帰結として得つつあることは、本書でお話ししてきた通りです。

このマルチバース宇宙論は、もはやぼんやりしたアイデアなどではなく、具体的な描像に基づく科学的な理論です。しかし、一方でまだわからないことも多く、だから僕も含めた多くの科学者たちが日夜その解明に奮闘しているわけです。

まだまだ発展途上の理論であるがゆえに、今後の発展次第ではその詳細が変わることは十分にあり得ます。さらには、僕自身はその可能性は少ないと思っていますが、マルチバースの存在自体をひっくり返すような理論的または観測的な展開がある可能性すらあります。

いずれにしろ、新たに大きな展開があったときにはまた新しい本を書きたいとは思いますが、今後マルチバースに関するニュースを目にする機会があったなら、どうかその度に、みなさんの中にでき上がったマルチバースの描像をぜひアップデートしてください。科学のニュースなんて、ノーベル賞を受賞するようなものであっても、まったくそれを知らない人にとっては何がどうすごいのかもあまりピンとこないかもしれませんが、この本を読んでくださった皆さんなら、少なくともマルチバースに関するニュースであれば、「おお、これはすごい!」と感じていただけるのではないかと思います。

もちろん、マルチバースのことを知ったところで、皆さんの生活が大きく変わることはないでしょう。でもそれはマルチバースに限ったことではなく、物理学の成果を皆さんが日々実感する機会があるかというと、そうでもないですよね。

もちろん実際は、それを活かしたテクノロジーに支えられている部分なども多いのですが、地球が平らか丸いかどうかでさえ、それが何かの判断に決定的な影響を与えるような場面に出合うことはそう多くはないと思います。せいぜい飛行機で日本からヨーロッパに行くときに反対側から行ったほうが近いかな、とか考えるくらいのものです。

でも、自分が今まで知らなかったことを知るのは楽しいし、そうやって知的好奇心が満たされることは、僕ら人間にとって大きな喜びであることは間違いないので、こういう一見今日の自分に何の役にも立ちそうにない学び、というのは捨てたもんじゃないと思います。少なくともこの本を読んでそう感じてくださったなら、著者として、そして理論物理学者の一人として、これほどうれしいことはありません。

ただ、最後に一つ言っておきたいのは「広大な宇宙に比べたら、ちっぽけな自分の悩みなんて全部吹っ飛ぶ」というようなミラクルはあまり期待しないほうが良いかと思います。もちろん、この本を読んだ後にそのように感じていただけたのであればそれは素晴らしいのですが、僕自身はそこまでの気持ちにはなれません。
僕も、僕の周りにいる宇宙論を取り扱っているサイエンティストの多くも、皆さんと同じような日々の悩みを抱えながら生きているように見えます。
マルチバースのような大きな話は、人間がいかにちっぽけな存在であるかを我々に自覚させてくれます。でも、私たちは皆そのちっぽけな世界で必死に生きているのです。だから、マルチバース宇宙論のような壮大な話は、逆説的ではありますが、そのちっぽけな生活をちょっとでも知的に豊かにすることに使えたら、大変素敵なことなのではないかと思います。

最後までお読みいただき、ありがとうございました。

2024年2月吉日
アメリカ、カリフォルニア州の自宅にて

野村泰紀

野村泰紀（のむら　やすのり）

1974年、神奈川県生まれ。カリフォルニア大学バークレー校教授。バークレー理論物理学センター長。ローレンス・バークレー国立研究所上席研究員、東京大学カブリ数物連携宇宙研究機構連携研究員、理化学研究所客員研究員を併任。主要な研究領域は素粒子物理学、量子重力理論、宇宙論。1996年、東京大学理学部物理学科卒業。2000年、東京大学大学院理学系研究科物理学専攻博士課程修了。理学博士。米国フェルミ国立加速器研究所、カリフォルニア大学バークレー校助教授、同准教授などを経て現職。著書に『マルチバース宇宙論入門　私たちはなぜ〈この宇宙〉にいるのか』（星海社）、『なぜ宇宙は存在するのか はじめての現代宇宙論』（講談社）など。

扶桑社新書479

多元宇宙論《マルチバース》集中講義

発行日 2024年3月1日　初版第1刷発行
2024年8月10日　第3刷発行

著　　者………野村 泰紀
発 行 者………秋尾 弘史
発 行 所………株式会社 扶桑社
〒105-8070
東京都港区海岸1-2-20 汐留ビルディング
電話 03-5843-8842（編集）
03-5843-8143（メールセンター）
www.fusosha.co.jp

印刷・製本………中央精版印刷株式会社

Printed in Japan　ISBN 978-4-594-09570-3